U0287571

黄河流域系统治理理论与技术丛书

水库泥沙的
高效输移机制及其动态调控

邵学军　　杨　飞　　假冬冬
李昆鹏　　王远见　　江恩慧　等　著

科学出版社

北京

内 容 简 介

本书采用理论分析、原型观测、数值模拟等方法，论述水库溯源冲刷水动力过程及其对泥沙动态调控的响应机制，以及水库异重流持续运移的动力学机制，提出维持水库最优淤积形态的泥沙动态调控方法，阐明强人工干预下水库泥沙资源利用与骨干枢纽群泥沙动态调控的互馈机制及枢纽群联合调控对库区和下游河道水沙输移的叠加效应，为实现已建及在建大型骨干枢纽群泥沙动态调控提供理论依据和技术支撑。

本书可供泥沙运动力学、水库调度、河床演变等方面研究、规划和管理的科技人员及高等院校相关专业的师生参考。

图书在版编目（CIP）数据

水库泥沙的高效输移机制及其动态调控/邵学军等著. —北京：科学出版社，2024.4
　　（黄河流域系统治理理论与技术丛书）
　　ISBN 978-7-03-078407-0

Ⅰ.①水… Ⅱ.①邵… Ⅲ.①水库泥沙-泥沙淤积-淤积控制
Ⅳ.①TV145

中国国家版本馆 CIP 数据核字(2024)第 078761 号

责任编辑：杨帅英　白　丹/责任校对：郝甜甜
责任印制：徐晓晨/封面设计：蓝正设计

科 学 出 版 社 出版
北京东黄城根北街 16 号
邮政编码：100717
http://www.sciencep.com
北京建宏印刷有限公司印刷
科学出版社发行　各地新华书店经销
*
2024 年 4 月第 一 版　开本：787×1092　1/16
2024 年 4 月第一次印刷　印张：13 1/4
字数：315 000
定价：188.00 元
（如有印装质量问题，我社负责调换）

"黄河流域系统治理理论与技术丛书"编委会

总　序

　　人类社会的发展史在某种程度上就是一部人水关系演变史。早期人类傍水而居，水退人进，水进人退，河流自身演变决定了人水关系。随着人类社会和工程技术的不断进步，人类在人水关系演变过程中逐渐占据主导地位，尤其是第二次工业革命后，河流受到人类的强烈干扰，各种与河流有关的突发性事件日益增多。这些问题的出现引起了国际社会对河流系统研究的高度重视。

　　流域是地球表层系统的重要组成单元。河流及其自身安全是保障流域内社会经济和生态环境可持续发展的前提。因此，随着流域面临的各种问题交织、互馈关系越来越复杂，流域系统的概念逐渐被学界接受，基于流域系统治理的生态保护和社会经济可持续发展有机协同的科学研究成为大家关注的热点。

　　黄河是中华民族的母亲河。历史上，"三年两决口、百年一改道"，给中华民族带来了沉重灾难。水少沙多、水沙关系不协调，是黄河复杂难治的症结所在。新中国成立以来，黄河治理吸引了以王化云为代表的治黄工作者和科研人员不断探索，取得了70多年伏秋大汛不决口的巨大成就。然而，随着近年来流域来水来沙条件显著变化、库区-河道边界约束条件大幅调整、区域社会经济和生态环境良性维持的需求不断增长，特别是黄河流域生态保护和高质量发展重大国家战略的实施，传统研究思维已经不能适应流域系统多维功能协同发挥作用的更高要求。

　　早在1995年，黄河水利科学研究院钱意颖总工程师和水土保持研究室时明立主任，曾经给钱学森先生写过一封信，希望得到钱先生的帮助，能够在国家科技攻关计划中立项研究黄土高原水土流失治理，发展坝系农业。钱先生收到信后，借一次重要会议之机与时任水利部部长钱正英先生专门讨论黄河治理工作，他充分意识到黄河治理的复杂性，并很快给钱总工回了信。他指出："中国的水利建设是一项长期基础建设，而且是一项类似于社会经济建设的复杂系统工程，它涉及人民生活、国家经济。"他还提出："对治理黄河这个题目，黄河水利委员会的同志可以用系统科学的观点和方法，发动同志们认真总结过去的经验，讨论全面治河，上游、中游和下游，讨论治河与农、林生产，讨论治河与人民生活，讨论治河与社会经济建设等，以求取得共识，制定一个百年计划，分期协调实施。"在新的发展阶段，黄河治理保护的理论技术研究与工程实践，必须突出流域系统整体性，强化黄河流域治理保护的系统性、流域系统服务功能的协同性、流域系统与各子系统的可持续性。我们在国家自然科学基金重点项目和"十二五"国家科技支撑计划、"十三五"国家重点研发计划、流域水治理重大科技问题研究等项目支持下，逐步尝试应用系统理论方法，凝练提出了流域系统科学的概念及其理论技术框架，为黄河治理保护提供了强有力的研究工具。

为促进学科发展，迫切需要对近 20 年国内外流域系统治理研究成果进行总结。鉴于此，由黄河水利科学研究院发起，联合国内知名水科学专家组成学术团队，策划出版"黄河流域系统治理理论与技术丛书"。本丛书共分五大板块，涵盖不同研究方向的最新学术成果和前沿探索。板块一：黄河流域发展战略，主要包括基于流域或区域视角的系统治理战略布局和社会经济发展战略等研究成果；板块二：生态环境保护与治理，主要包括流域或区域生态系统配置格局、生态环境治理与修复理论和技术、生态环境保护效应等研究成果；板块三：水沙调控与防洪安全，主要包括水沙高效输移机理、河流系统多过程响应与耦合效应、滩槽协同治理、黄河流域水沙调控暨防洪工程体系战略布局与配置、干支流枢纽群水沙动态调控理论与技术、水库清淤与泥沙资源利用技术与装备、水沙调控模拟仿真与智慧决策等研究成果；板块四：水资源节约集约利用，主要包括水沙资源配置理论与技术、水沙资源节约集约利用理论技术与装备、高效节水与水权水市场理论与技术等研究成果；板块五：工程安全与风险防控，主要包括基于系统理论的工程安全与洪旱涝灾协同防御理论和技术、风险防控与综合减灾技术和装备等研究成果。

为保证丛书能够体现我国流域系统治理的研究水平，经得起同行和时间的检验，组织国内多名院士和知名专家组成丛书编委会，对各分册内容指导把关。我们相信，通过丛书编委会和各分册作者的通力合作，会有大批代表性成果面世，为广大流域系统治理研究者洞悉学科发展规律、了解前沿领域和重点发展方向发挥积极作用，为推动我国流域系统治理和学科发展做出应有贡献。

2023 年 9 月

前　言

当前，以干流龙羊峡、刘家峡、三门峡、小浪底等骨干枢纽为主体，以海勃湾、万家寨及支流控制性水库为补充的黄河水沙调控工程体系已初步形成，并在防洪防凌安全和水量统一调度等方面发挥了巨大作用。近年来，黄河中游水库来水来沙情势变化剧烈，迫切需要改变原有的水库运营调度方式，实现对整个中游水库群的泥沙动态调控。围绕水库泥沙输运问题，前人已积累了丰富的原型观测和模型试验资料，并开展了相应的数值模拟工作，但是限于当时的观测条件和计算能力等，对机理的认识仍有较多的局限性。在一些关键机理问题上，如水库泥沙输移中的溯源冲刷的机理与模式、异重流长距离输运阻力与床沙交换关系、淤积体的反馈与优化等，还停留在经验探索层面，现有成果尚不能满足泥沙动态调控的理论与技术要求。因此，亟须进行水库溯源冲刷机制分析与模拟，开展有针对性的异重流原型观测，阐明水沙输运各个环节与泥沙动态调控的关系，为实现已建及在建大型骨干枢纽群的泥沙动态调控，提供理论依据和技术支持。

针对黄河水少沙多的现实状况，黄河水沙调控不仅要注重水量的适应性调度，更要突出泥沙的动态调控，突破"调水容易调沙难"的瓶颈。2018 年，"水库泥沙的高效输移机制及其动态调控与资源利用的互馈效应"（2018YFC0407402）作为国家重点研发计划项目"黄河干支流骨干枢纽群泥沙动态调控关键技术"的一个基础性课题，着重研究泥沙在库区内和库群间的输运机理，重点解决水动力-强人工措施有机结合的泥沙动态调控技术，为完善"黄河干支流骨干枢纽群泥沙动态调控理论体系"发挥理论支撑作用。

本书属"黄河流域系统治理理论与技术丛书"中的第三板块"水沙调控与防洪安全"。本书总结了黄河中游水库泥沙高效输移的关键机理及其对泥沙动态调控的响应问题的一些研究成果，通过理论分析、原型观测、数值模拟等方法，探讨黄河中游水库泥沙调控过程中泥沙输移的运动形式、淤积体的调整过程等问题，目的是阐明跌坎冲刷的演变过程、异重流长距离运移的动力机理，分析水库淤积形态优选、水库泥沙资源利用的机制和效益，为实现水库泥沙的高效输移机制提供技术支持，进而揭示泥沙动态调控对黄河中游水库群水沙输移的叠加效应。

全书共分 7 章，第 1 章绪论，由邵学军、杨飞执笔；第 2 章水库溯源冲刷水沙动力过程及其对泥沙动态调控的响应机制，由杨飞、江恩慧、邵学军执笔；第 3 章水库异重流持续运移的动力学机制及临界条件，由王远见、马宏博、邓格斐执笔；第 4 章水库最优淤积形态及其对泥沙动态调控的响应，由假冬冬执笔；第 5 章水库泥沙资源利用与泥沙动态调控的互馈机制，由李昆鹏执笔；第 6 章枢纽群联合调控对库区和下游河道水沙输移的叠加效应，由杨飞、王远见、邵学军执笔；第 7 章结论，由邵学军、杨飞执笔。全书由邵学军、杨飞统稿。本研究的开展获得了国家重点研发计划项目"黄河干支流骨干枢纽群泥沙动态调控关键技术"负责人江恩慧的全过程的跟踪技术指导。

　　本书的出版得到了"十三五"国家重点研发计划项目课题"水库泥沙的高效输移机制及其动态调控与资源利用的互馈效应"（2018YFC0407402）、国家自然科学基金专项项目课题"黄河流域水资源配置和水沙调控的级联效应与优化"（42041004-05）、国家自然科学基金面上项目"水库溯源冲刷动力过程及其水-沙-床耦合演化机理"（52179066）等的经费资助，并得到了黄河水利委员会黄河水利科学研究院、水利部交通运输部国家能源局南京水利科学研究院、清华大学水利水电工程系的大力支持。在此谨致谢意！

　　限于作者水平，本书不足和疏漏之处在所难免，热忱欢迎读者提出宝贵意见。

作　者
2023 年 9 月

目　　录

第1章 绪 论

水库拦沙导致库区淤积严重，黄河流域许多水库淤积超过总库容一半，大大制约了水库效能的发挥(江恩慧等，2012)。解决或减缓水库淤积造成的有效库容损失问题，是水库水沙调控研究的重要目标。流域来水来沙条件是动态变化的，库区-河道边界约束条件是动态调整的，区域社会经济发展和生态健康维持的需求是动态增长的，特别是针对黄河水少沙多的现实状况，黄河水沙调控不仅要注重水量的适应性调度，更要突出泥沙的动态调控(江恩慧等，2019)。因此，"黄河干支流骨干枢纽群泥沙动态调控关键技术"项目组在系统梳理过去数十年多沙河流水库泥沙调控主要研究进展的基础上，提出了当前黄河泥沙动态调控的概念。河道的高效输沙着眼于输沙效率较高和输沙用水较省(许炯心，2009)，水库的高效输沙着眼于提高排沙比(张俊华等，2018)。水库高效输沙是减缓水库淤积、实现水库长期持续利用的实现途径，异重流输沙(张俊华等，2018)、库区溯源冲刷(李涛等，2016)、库区淤积形态(王婷等，2013；张俊华等，2016)是多沙河流水库库区高效输沙三大关键要素(图 1-1)，目前黄河中游水库群主要通过异重流输沙和库区溯源冲刷两种水力排沙方式实现水库的高效输沙。研究水库高效输沙机制及其与泥沙动态调控的关系，对已建和在建大型水库动态调控具有很强的指导意义。

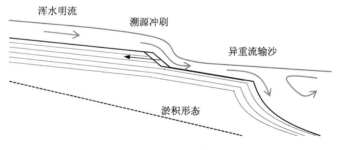

图 1-1 水库多过程水沙输移物理图景

挟沙水流在库区所形成的浑水异重流，能够有效地输运泥沙，减缓水库淤积。小浪底水库在调水调沙过程中通过塑造异重流将泥沙输送出库，获得较高的排沙比(李国英，2011)，异重流在库区的长距离输运成为异重流排沙出库的关键。前人系统研究了异重流发生条件、输沙公式以及流速、含沙浓度分布等。Parker(1982)理论分析得出长程运动的异重流冲刷床面，有利于泥沙输运；短程运动的异重流沿程减速，导致泥沙落淤。后来，Parker 等(1986)定量描述了自加速异重流理论，确定了异重流长距离传播的控制因素。Sequeiros 等(2009)通过水槽试验首次塑造了自加速异重流。由于异重流观测困难，其物理机制的研究不完善，国外对异重流加以利用的实例很少(Chamoun et al.，2016)。

除了 DNS 模型（Cantero et al.，2009）外，现有的异重流数值模型（De Cesare et al.，2006；Hu et al.，2012；Adduce et al.，2012；Cao et al.，2015；Huang et al.，2005）对异重流解析不够，难以直接指导实际调度，原型观测上，Azpiroz-Zabala 等（2017）对刚果海底峡谷浊流长距离传播进行了较为系统的监测。为了探明水库异重流长距离输运机理，有必要对水库异重流长距离输运过程进行系统观测。

多沙河流水库在遇到有利的水沙条件时，通过控制坝前水位过程，使库区产生溯源冲刷，恢复部分库容。溯源冲刷是发生在坝前水位较大幅度速降，导致坝前水深或三角洲顶点以上一段水深远小于平衡水深甚至低于淤积面而产生的自下而上的冲刷（韩其为，2003）。溯源冲刷受库区水位下降、入流过程以及库区淤积形态等控制，包含全程剥蚀和局部跌坎两种模式。近年来，黄河中游各水库通过速降水位产生溯源冲刷，库容得到不同程度的恢复。其中三门峡水库和小浪底水库在 2018～2020 年分别冲刷 3.5 亿 t 和 2.8 亿 t，库容得到有效恢复。韩其为（2003）假定冲刷面向上游旋转导出冲刷面的演变方程；范家骅（2011）假定冲刷面平行推进计算出库沙量。目前河道中的跌坎冲刷仍会采用浅水方程进行刻画，不能对跌坎溯源冲刷中的急缓流交替流态进行数值解析；而现有的多沙河流水库库区溯源冲刷计算主要依赖原型观测和物理模型试验（李涛等，2016；王婷等，2014），缺少对局部跌坎的动力学机理分析和数值模拟，对其水-沙-床耦合的动力过程的认识有待深入。

库区淤积形态是入库挟沙水流与库区河床长期相互作用的结果，取决于入流水沙和库区水位变化。目前关于库区淤积形态的研究较少，假冬冬等（2011）将三峡水库蓄水初期近坝区水平状的淤积形态归因于淤积物浮泥特性；王婷等（2013）分析三角洲和锥体形态与输沙流态的关系，得出三角洲形态更有利于输沙；张俊华等（2016）从水沙组合、支流库容利用、水库淤积量等方面对水库淤积形态进行了初步优选，提出相应的调控手段。每个水库都有不同特性，库区不同边界条件对水沙调控的响应影响了水库有效库容的长期保持。通过数值模拟，细化锥体和三角洲淤积形态对输沙和淤积分布的影响，对淤积形态进行比选，是目前以小浪底水库为代表的多沙河流水库运行管理面临的技术问题。

水库群水沙调控对河道泥沙输移和冲淤有显著的累积效应。目前累积效应的研究多集中在河流生境方面（Cada and Hunsaker，1990），国内研究以径流、水温、生态基流等因子为主，梯级水库泥沙调控的累积效应鲜有涉及。吴保生等（2007）认为黄河下游平滩流量的变化反映了一定时期内的水沙条件的累积作用，水库泥沙淤积也存在滞后现象（吴保生和游涛，2008）。黄河中游来沙较多，研究枢纽群泥沙动态调控对单一水库、库群间、水库与下游河道水沙量-质-能交换的影响机理，量化干支流水库蓄泄时序对库区和下游河道水沙输移的叠加效应，对优化水库联合调控方式非常关键。

黄河中游水库来水来沙情势变化剧烈，给原有的水库长期运营调度方式提出了新的要求，迫切需要在掌握水库泥沙高效输移机制的基础上，实现对整个中游水库群的泥沙动态调控。围绕水库泥沙输移机制的研究，本书主要研究内容如图 1-2 所示，针对多沙河流水库泥沙高效输移机理等关键理论问题开展研究，阐明水库溯源冲刷水动力过程及冲淤效果，提出水库异重流持续运移的动力学机制及临界条件，揭示水库淤积形态调整与泥沙动态调控的互馈关系、枢纽群联合调控对泥沙输移的叠加效应、水库泥沙资源利用与泥沙动态调控的互馈机制，完善多沙河流水库高效输沙的水-沙-床互馈动力学机制。

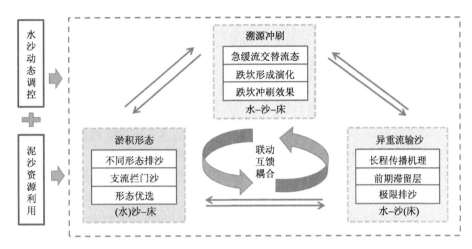

图 1-2 多沙河流水库高效输沙的水-沙-床互馈过程

第2章 水库溯源冲刷水沙动力过程及其对泥沙动态调控的响应机制

溯源冲刷是水库降低水位运用过程中,主槽内的河床自下而上产生的冲刷过程,是水库高效输沙很重要的一种形式。溯源冲刷往往始于淤积三角洲顶点附近,以跌坎冲刷为主要表现形式;跌坎处水流流态表现出急缓流交替特征,上溯的速度和冲刷幅度在向上游的溯源过程中通常逐渐呈减小趋势,直至消失,期间往往伴随着滩地的横向坍塌。跌坎冲刷的水动力过程复杂,其形成和演化与库区淤积形态、床沙组成、水库调控过程等众多因素有关。本节重点根据实体模型试验与原型跟踪观测,明晰了跌坎的形成与演化过程;分别构建了有无跌坎情形下水库溯源冲刷过程水沙运动控制方程,通过理论推导确定了跌坎的形成条件,阐明了跌坎发展演化的动力学机制,并得到了小浪底水库跌坎冲刷实测资料的验证;针对跌坎水流流态急缓交替的特点,建立了水库溯源冲刷过程立面二维水沙演进数学模型,通过模型试验和小浪底实测资料的验证,证明了所建立的数学模型的可靠性。在此基础上,开展了多种情景下的数值模拟,对比分析模拟结果,揭示了跌坎冲刷对泥沙动态调控过程中水库运用水位、前期淤积形态、强人工措施和枢纽群联合调度后续动力加强的响应机制,阐明了溯源冲刷的发展趋势和极限状态。

2.1 水库溯源冲刷水流运动方程及跌坎形成条件与演化机制

溯源冲刷过程中,水流流速较大,河床变形剧烈,具有较强的紊动动能,出现局部跌水,且跌水位置会逆水流向上游快速后退(张俊华等,2016)。近年来,黄河中游万家寨、三门峡、小浪底水库通过速降水位产生溯源冲刷,库容得到不同程度的恢复。其中三门峡和小浪底水库在2018~2020年分别冲刷3.5亿t和2.8亿t,库容得到有效恢复。因此探索水库溯源冲刷的水沙动力过程及动力学机制具有重要的理论和实践意义。本小节在系统分析溯源冲刷过程中跌坎形成与演化过程的基础上,通过理论研究建立了溯源冲刷过程水流流态急缓交替运动方程,进而阐明跌坎的形成条件及演化机制。

2.1.1 水库溯源冲刷跌坎形成与演化过程

1. 模型试验中溯源冲刷跌坎形成与演化过程的观测

黄河水利科学研究院利用现有的小浪底水库模型进行了 4 个组次的降水冲刷试验(马怀宝等,2011)。初始库区淤积量为32亿 m^3 地形条件下,降水冲刷过程控制坝前水位均为210 m,水沙过程分别采用历时16天(过程1)和12天(过程2)的洪水过程,以对比分析在相同的地形和水位条件下不同水沙条件的降水冲刷效果；在初始库区淤积量为 42 亿 m³ 地形条件下，降水冲刷过程水沙条件均为 12 天洪水过程，控制坝前水位分别为 210 m 及 220 m，以对比分析在相同的水沙、地形条件下不同水位条件的降水冲刷效果。各试验组次水沙条件与边界条件特征值统计见表 2-1，进口水沙系列见图 2-1。

表 2-1　降水冲刷试验方案及其特征值统计表

淤积量/亿 m³	控制坝前水位/m	历时/天	组次	入库流量/(m³/s)		入库含沙量/(kg/m³)	
				平均	范围	平均	范围
32	210	16	1	2962	1240～4660	103.22	43.0～189
	210	12	2	2210	677～3410	179.66	75.5～340
42	210	12	3	2210	677～3410	179.66	75.5～340
	220	12	4	2210	677～3410	179.66	75.5～340

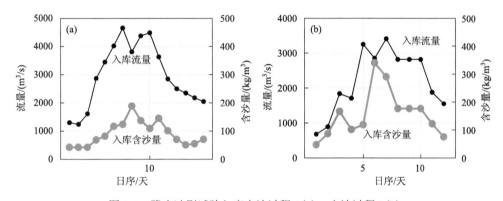

图 2-1　降水冲刷试验入库水沙过程 1(a)、水沙过程 2(b)

试验结果表明，各组次试验在蓄水区缩短至仅在坝前 300～800 m 的小漏斗区范围时，从漏斗上游边缘出现明显的溯源冲刷，局部形成跌水，并向上游发展。某些库段存在多级跌坎，见图 2-2。在主槽下切的同时，水位下降，两岸尚未固结且处于饱和状态的淤积物在重力及渗透水压力的共同作用下失稳向主槽内滑塌，使得滩地形成向河槽倾斜的形态，见图 2-3。

跌坎上溯伴随着强烈的冲刷过程。四组次试验的冲刷效果见表 2-2。四组次试验的排沙比均远超过 100%，库区冲刷效果显著，其中相同入库水沙条件(组次 2、3、4)下，组 3 的排沙效果最优，说明更大的前期淤积量与更低的坝前控制水位可有效增加排沙效果。而组次 1 的排沙效果相比于组次 2 更优，说明更强的入库水动力过程能够产生更显著的冲刷。

图 2-2 某库段存在的多级跌坎现象

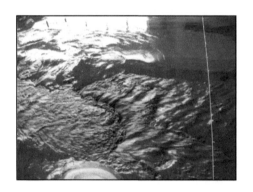

图 2-3 溯源冲刷向上游发展中的跌坎

表 2-2 四组次冲刷效果对比表(沙量平衡法)

组次	入库			出库			排沙比	冲刷量
	水量 /亿 m³	沙量 /亿 t	平均含沙量 /(kg/m³)	水量 /亿 m³	沙量 /亿 t	平均含沙量 /(kg/m³)	/%	/亿 t
1	40.95	4.23	103.2	48.67	9.12	187.4	215.9	4.90
2	22.91	4.12	179.7	28.51	6.74	236.5	163.8	2.63
3	22.91	4.12	179.7	31.96	10.25	320.6	249.0	6.13
4	22.91	4.12	179.7	29.02	7.43	256.1	180.6	3.32

注:因数据修约表中个别数值存在误差。

进一步分析四组次的逐日水位沿程变化图(图 2-4)可以看出,组次 1 和组次 3 的跌水长期存在并逐渐向上游移动,其中组次 1 的跌水高差还呈现不断增大的趋势(表 2-3);组次 2 和组次 4 的跌水高差则不断减小并逐渐消亡。这两种模式的观测结果为后期开展理论研究和数值模拟提供了重要的验证资料。

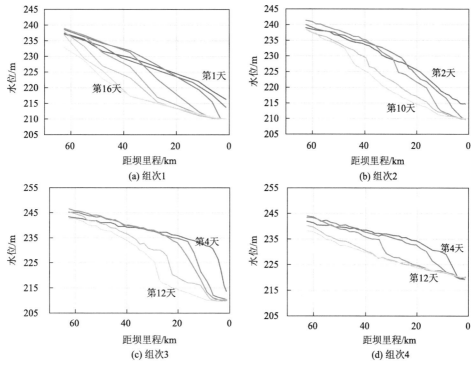

图 2-4　四组次溯源冲刷沿程水位变化图(顺次为组次 1～4)

表 2-3　组次 1 跌坎发展情况统计表

时间		跌水发生位置(区间)	跌水高差/m	发展速度/(km/h)
第 4 天	8:14	HH1～HH3	2.70	0.27
	15:46～19:53	HH4～HH5	1.80	
第 5 天	6:52	HH5～HH6	2.10	
	17:08	HH6～HH7	2.94	
第 6 天	7:32	HH7	2.28	0.13
		HH8	3.06	
第 7 天	21:56	畛水口上游 400 m	—	
第 8 天	3:26	HH12	6.72	
第 9 天	3:26	HH18	7.44	
第 10 天	13:43	HH23～HH24	—	0.10
	17:08	HH24	—	

　　根据各组次降水冲刷过程可以明显看出溯源冲刷的发展过程和幅度。试验结果表明，第 1 组次和第 2 组次相比，由于流量大，水流动力强，冲刷发展快且冲刷幅度大。第 4 组次与第 3 组次相比，坝前控制运用水位抬高，使得在洪水过程中垂向上冲刷幅度减小，而纵向冲刷发展较为充分。四个组次降水冲刷过程中，溯源冲刷均占主导地位，库区自下而上冲刷幅度呈减小的趋势。由于淤积物的沉降不均匀性等，冲刷中多次发生了跌坎

现象并伴随跌水。第 1 组次的跌坎逐步上移过程中，跌差逐步增大。

降低水位排沙过程是以自下而上的溯源冲刷过程为主，当水位低于坝前淤积面高程时，即可获得较高含沙量的水流出库，且两者的高差越大，冲刷效果越显著。库区河床边界相同的条件下，其冲刷效果取决于洪水流量与历时，流量大冲刷上溯的速度快，历时长冲刷上溯的距离长。

2. 小浪底水库溯源冲刷跌坎形成与演化过程的原型观测

小浪底水库 2020 年实施了低水位大流量排沙调度，在库区内发生了显著的溯源冲刷。研究团队抓住有利时机，在 2020 年 7 月 23 日～8 月 3 日运用无人机等观测手段对库区溯源冲刷过程开展了原型观测，详细记录了跌坎的发展过程及相关信息。小浪底入库与出库水位和流量、坝前水位过程如图 2-5 所示，入库水流在 7 月 23 日 14:48 达到流量峰值 4280 m^3/s，在 23:00 达到含沙量峰值 221 kg/m^3，出库水流在 7 月 24 日 8:00 达到流量峰值 4350 m^3/s，在 12:30 达到含沙量峰值 245 kg/m^3。

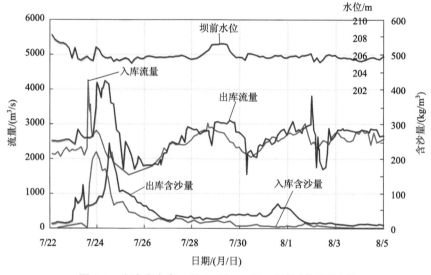

图 2-5 小浪底水库 7 月 22 日～8 月 5 日控制运用过程

7 月 23 日 18 时，在断面 HH3 处发现跌坎冲刷(图 2-6)，开始对跌坎进行追踪。7 月 28 日 16 时发展到断面 HH11 处(图 2-7)，5 天内上溯 13km，平均每天发展 2.6km；7 月 31 日 11 时发展到断面 HH13 处，此期间上溯 4 km，平均每天发展 1.33 km；8 月 3 日 11 时发展到断面 HH13 上游 200 m 处(图 2-8)，平均每天发展 0.07 km。

本次观测到的小浪底水库跌坎发展范围限于坝前 3.3～21km 范围内，在入库流量和坝前水位基本保持不变的情况下，溯源发展速度逐渐衰减。伴随溯源冲刷，7 月 29 日～8 月 2 日入库与出库流量相差不大，出库含沙量比入库含沙量有明显的增加。按照输沙率法初步计算得到在此期间入库沙量为 0.7 亿 t，出库沙量为 1.2 亿 t，约 0.5 亿 t 库区前期淤积的泥沙被冲刷出库。

图 2-6　7 月 23 日 18 时 HH3 处跌坎溯源冲刷(马怀宝提供)

图 2-7　7 月 28 日 16 时 HH11 处跌坎溯源冲刷(马怀宝提供)

图 2-8　8 月 3 日 11 时 HH13 上游 200m 处跌坎溯源冲刷(马怀宝提供)

2.1.2　水库溯源冲刷跌坎水流流态急缓交替运动方程

为了从理论层面探讨水库溯源冲刷的形成条件和发展趋势，参照 Parker 和 Izumi（2000）周期阶坎的研究方法和思路，建立有无跌坎情况下水库的溯源冲刷过程运动方程并进行解析，物理图景如图 2-9 所示，通过对比分析两者的差异，进而确定跌坎溯源冲刷的形成条件和发展趋势。

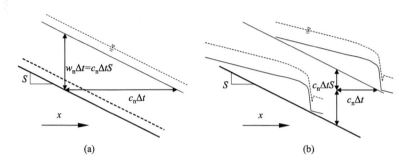

图 2-9　无跌坎溯源冲刷（a）、有跌坎溯源冲刷（b）示意图

x 为水平沿程距离，S 为床面整体比降，c_n 为无跌坎河床溯源移动速率，w_n 为无跌坎河床下降速率，Δt 为冲刷前后时间间隔

建立有跌坎情况下的溯源冲刷过程运动方程并进行解析，确定跌坎溯源冲刷的形成条件和发展趋势。采用一维浅水运动方程，不考虑流量变化：

$$uh = q_{\mathrm{w}}, \quad u\frac{\partial u}{\partial x} = -g\frac{\partial h}{\partial x} - g\frac{\partial \eta}{\partial x} - \frac{\tau_{\mathrm{b}}}{\rho h} \tag{2-1}$$

式中，h 为水流水深；u 为垂向平均流速；η 为床面高程；x 为水平沿程距离；q_{w} 为单宽流量；τ_{b} 为床面切应力，满足 $\tau_{\mathrm{b}}=\rho C_{\mathrm{f}}u_{\mathrm{c}}^2$，$C_{\mathrm{f}}$ 为阻力系数，u_{c} 为起动流速，ρ 为水流密度；g 为重力加速度。床面变形方程和黏性沙上扬通量为

$$(1-\lambda_{\mathrm{p}})\frac{\partial \eta}{\partial t} = -E, \quad E = \begin{cases} \alpha_1(\tau_{\mathrm{b}} - \tau_{\mathrm{c}})^{\gamma} & \tau_{\mathrm{b}} > \tau_{\mathrm{c}} \\ 0 & \tau_{\mathrm{b}} \leqslant \tau_{\mathrm{c}} \end{cases}, \quad \tau_{\mathrm{c}}=\rho C_{\mathrm{f}}u_{\mathrm{c}}^2 \tag{2-2}$$

式中，E 为床面黏性沙上扬通量；λ_{p} 为河床孔隙率；α_1 和 γ 为上扬通量公式待定系数；τ_{c} 为泥沙临界起动切应力。无跌坎溯源冲刷按照恒定均匀流情况缓慢侵蚀，这种情况下的变量用下标 n 标记，可将床面整体比降 S 表示为 $S=C_{\mathrm{f}}\mathrm{Fr}_n^2$，$\mathrm{Fr}_n$ 为无跌坎时弗劳德数。同样临界起动对应的比降 $S_{\mathrm{c}}=C_{\mathrm{f}}\mathrm{Fr}_{\mathrm{c}}^2$，$\mathrm{Fr}_{\mathrm{c}}$ 为临界起动流速对应的弗劳德数。床面高程波动方程形式：

$$\eta(x, t) = \eta_{\mathrm{w}}(x+c_s t) - w_a t \tag{2-3}$$

式中，c_s 为溯源冲刷跌坎移动速率；w_a 为床面下降速率；η_{w} 为初始波形。对于水库黏性沙为主的侵蚀性梯级跌坎，在跌坎范围内可以不考虑淤积存在。选择 u_{c} 和 S_{c} 为特征变量进行无量纲化，无量纲化后变量用^标记。将无量纲化变量代入运动方程和床面变形方程，消去 η 得到关于 $\hat{u}$ 的非线性常微分方程：

$$\frac{\mathrm{d}\hat{u}}{\mathrm{d}\hat{x}} = \frac{\hat{c}^{-1}\left[\left(\hat{u}^2-1\right)^\gamma - \hat{w}_\mathrm{a}\right] - \hat{u}^3}{\mathrm{Fr}_\mathrm{c}^2\hat{u} - \hat{u}^{-2}} \tag{2-4}$$

式中，$\hat{c}$、$\hat{w}_\mathrm{a}$、$\hat{u}$、$\hat{x}$ 分别对应为 c_s、w_a、u、x 的无量纲量，L 为跌坎水平长度，$\Delta\eta$ 为跌坎高程。有 $\hat{c} = c_\mathrm{s}S_\mathrm{c}\left(1-\lambda_\mathrm{p}\right)/\alpha$，$\hat{w}_\mathrm{a} = w_\mathrm{a}\left(1-\lambda_\mathrm{p}\right)/\alpha$，$\hat{L} = u_\mathrm{c}S_\mathrm{c}L/q$，$\Delta\hat{\eta} = u_\mathrm{c}\Delta\eta/q$。浅水方程中水跃均被简化为激波，可以认为该缓冲区床面侵蚀会持续直至降低到临界起动流速，因此在缓冲区下边界水流流速应当等于临界起动流速。这里的缓冲区被压缩成不考虑内部细节的激波，对应的无量纲边界条件为 $\hat{u}|_{x=0}=1$。出口处与起点处形成共轭水深，得到出口边界条件为

$$\hat{u}|_{x=L} = \left[\frac{\left(1+8\mathrm{Fr}_\mathrm{c}^2\right)^{1/2}}{2}\right]^{-1} \tag{2-5}$$

得到流速后，进而有溯源冲刷跌坎演化控制方程：

$$\hat{\eta}\left(\hat{x}\right) = \frac{1}{\hat{c}}\int_{\hat{x}}^{\hat{L}}\left[\left(\hat{u}^2-1\right)^\gamma - \hat{w}_\mathrm{a}\right]\mathrm{d}x \tag{2-6}$$

对应跌坎高程为

$$\Delta\hat{\eta} = \frac{1}{\hat{c}}\int_0^{\hat{L}}\left[\left(\hat{u}^2-1\right)^\gamma - \hat{w}_\mathrm{a}\right]\mathrm{d}x \ , \quad \frac{\Delta\hat{\eta}}{\hat{L}} = \frac{1}{S_\mathrm{c}}\frac{\Delta\eta}{L} \tag{2-7}$$

由于 S 为一个与跌坎的存在无关的施加参数，与无跌坎溯源冲刷对比有 $u_\mathrm{e}=u_\mathrm{n}$，即跌坎存在时的等效正常流动与不存在时的正常流动水流流速一致。跌坎有无对应的下切速率存在明显差异，有跌坎时下切速率为

$$\hat{w}_\mathrm{a} = \overline{\left(\hat{u}^2-1\right)^\gamma} - \hat{c}\frac{\mathrm{Fr}_\mathrm{n}^2}{\mathrm{Fr}_\mathrm{c}^2} \tag{2-8}$$

在水流沿程均不低于临界起动流速的前提下，相对于无跌坎时，有跌坎时河床下切速率偏小。

2.1.3　水库溯源冲刷跌坎形成条件及演化机制

1. 水库溯源冲刷跌坎形成的临界条件

将上述理论公式应用到跌坎 Fr=1 处，即可得到有跌坎时方程应满足的条件，即跌坎形成条件的理论表达，得到关于主要参数 Fr_n 和 Fr_c 的关系式。

上述理论公式适用于跌坎缓流与急流部分，关于流速 $\hat{u}$ 的一阶常微分方程连同两个边界条件、一个积分限制构成边界值问题

$$\frac{\mathrm{d}\hat{u}}{\mathrm{d}\hat{x}} = \frac{\hat{c}^{-1}\left[\left(\hat{u}^2-1\right)^\gamma - \hat{w}_\mathrm{a}\right] - \hat{u}^3}{\mathrm{Fr}_\mathrm{c}^2\hat{u} - \hat{u}^{-2}} \tag{2-9}$$

边界条件为

$$\hat{u}\big|_{x=0}=1,\ \hat{u}\big|_{x=L}=\left[\frac{\left(1+8\mathrm{Fr}_c^2\right)^{1/2}}{2}\right]^{-1} \tag{2-10}$$

式中，一旦 u_c、q_w、S 和参数 Fr_n、Fr_c 确定，则这两个 Fr 数在无量纲表达式中作为基本参数。未知量为 $\hat{u}$ 以及参数 $\hat{c}$、$\hat{L}$ 和 $\hat{w}_a$。根据两个边界条件和一个积分约束原则上能够确定流速和两个参数，因此完整解缺少一个限制条件。额外限制可以通过考虑流场情况获得。基于假定存在的水跃，上游部分肯定为缓流，下游为急流。存在一点 $\hat{x}_1$ 满足 $\mathrm{Fr}=1$，为使得关于流速 $\hat{u}$ 的一阶常微分方程在该点处有意义，或者说将该点流速值代入原方程中，自然得到该点处对应的附加条件

$$\frac{\left(\hat{u}_1^2-1\right)^{\gamma}-\hat{w}_a}{\hat{u}_1^3}=\hat{c} \tag{2-11}$$

给定 $\hat{x}_1$ 处额外条件，还不能对方程求解。流速 $\hat{u}$ 的一阶常微分方程在 $\hat{x}_1$ 处有

$$\frac{\mathrm{d}\hat{u}}{\mathrm{d}\hat{x}}=\left[\frac{2}{3}\frac{\gamma\left(\hat{u}_1^2-1\right)^{\gamma-1}\hat{u}_1^2}{\left(\hat{u}_1^2-1\right)^{\gamma}-\hat{w}_a}-1\right]\hat{u}_1^5>0 \tag{2-12}$$

为了保证 $\hat{x}_1$ 点处的流速从缓流加速到急流状态，该式应为正值，但此约束不是充要条件。参数 $\hat{w}_a$ 不是随意给定的，存在上下限 $\hat{w}_{au}$ 和 $\hat{w}_{al}$。

$$\hat{w}_{au}=\left(\hat{u}_1^2-1\right)^{\gamma},\ \hat{w}_{al}=-\frac{\left(\hat{u}_1^2-1\right)^{\gamma}}{\hat{u}_1^3-1} \tag{2-13}$$

2. 水库溯源冲刷跌坎演化机制

根据上述理论公式，定义急流区形态系数 $\hat{s}=\hat{\eta}_1/\hat{L}_f$，$\hat{\eta}_1$ 为 $\hat{x}_1$ 处的河床高程，$\hat{L}_f$ 为 $\hat{x}_1$ 下游波形部分。$\hat{s}$ 同时是临界水流到下一水跃之间的平均床面坡度。

对于一组 Fr_c，随着 Fr_n 的增加，进而 S 相对于 S_c 增加，$\hat{c}$、$\hat{L}$ 和 $\Delta\hat{\eta}$ 单调下降，$\hat{w}_a$、S 单调增加。当 Fr_c 为常数时，较大的坡度对应较陡的跌坎以及较小的波长和波高。溯源速率下降，而垂向侵蚀率增加。

根据计算得出，当 Fr_n 趋近于其下限 Fr_c 以及 $\hat{w}_a=\hat{w}_{al}$ 时，$\hat{L}$ 趋近于无穷，当 Fr_n 趋近于其上限无穷大以及 $\hat{w}_a=\hat{w}_{au}$ 时，$\hat{L}$ 趋近于 0。

增加 Fr_c，$\hat{c}$、$\hat{L}$ 和 $\Delta\hat{\eta}$ 同样会单调下降，$\hat{w}_a$ 单调增加，而形状系数 $\hat{s}$ 下降。由 Fr_c 表达式可知，对于给定的 S 和单宽流量，临界流速 u_c 增加，对应更缓的跌坎，有更小的溯源速率、波长和波高。跌坎越陡，则 Fr_c 越低，Fr_n 越高。

3. 水库溯源冲刷跌坎形成临界条件及演化机制的检验

采用前述降水冲刷模型试验和小浪底水库原型观测数据，对跌坎形成临界条件进行

了验证。原型观测床沙粒径取该河段平均值 0.012 mm，对应 C_f 为 0.00112，比降采用 2020 年汛前实测地形资料和该时段平均库水位计算，确定 Fr_n；假定顶坡段输沙平衡，确定泥沙起动对应的临界比降，与 C_f 结合确定 Fr_c。将原型观测和前文中 4 个组次降水冲刷模型试验结果的 Fr_c 和 Fr_n 点绘于图 2-10 中。由图 2-10 可知，模型试验组次 1、组次 3 中的跌坎在观测时间段内持续存在；模型试验组次 2、组次 4 和 2020 年原型观测记录了跌坎逐渐向消亡状态发展的全过程。

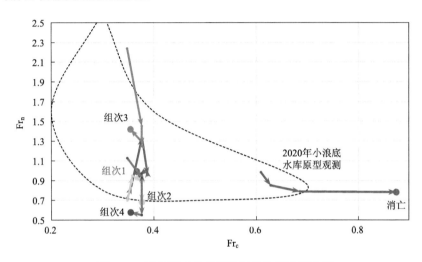

图 2-10　跌坎形成条件判别图及实测数据验证

验证结果进一步印证了前述理论研究、跌坎形成临界条件、跌坎演化机制的正确性和合理性。水库溯源冲刷过程中，淤积形态作为边界条件已经确定，溯源冲刷沿程发展中整个跌坎上下游的比降不断发生变化，由于床沙粒径在淤积体的分布由上而下整体逐渐细化，跌坎溯源过程对应床沙粒径逐渐细化。因而判断图中两个参数均会发生变化。而变化的趋势是 Fr_n 逐渐变小，Fr_c 也逐渐变小。对于小浪底水库具体的运行过程，两者的变化速度会不断变化。降水冲刷开始时，满足跌坎形成条件，跌坎发育并向上发展，此时两参数位于适用范围内靠近中心的位置（Fr_c 的数值基本确定），上溯一段距离后，两参数位置逐渐靠近跌坎发生区的边界，此时跌坎速度明显下降。当到达跌坎临界条件时，对河床的冲刷减弱，跌坎则开始停滞不前。而跌坎形态可能会在相当长的一段时期坦化消失。

2.2　水库溯源冲刷过程水沙数值模型构建与验证

2.2.1　水库溯源冲刷过程二维水沙运动控制方程

采用数值模型分析溯源冲刷过程中的水-沙-床耦合动力学机理等问题，需要刻画含沙量和水流流速等垂线分布信息。与垂向平均的模型相比，立面二维模型能够解析溯源冲刷过程中水流流态与泥沙输移的相互关系，同时计算量远小于三维模型，因此本节选

择 σ 坐标系下的立面二维水沙数值模型作为主要研究手段。

立面二维水沙数值模型控制方程包括水流连续方程、x 和 z 方向的水流运动方程、悬沙输运方程、推移质输沙方程、河床变形方程，具体表达式省略。u、w 分别为笛卡儿坐标系下 x、z 方向的流速，ρ 为水体密度，g 为重力加速度，ε_x、ε_z 分别为纵向和垂向紊动扩散系数，P_d 为动水压力，c 为水体体积含沙量，ω_s 为泥沙颗粒沉速，ε_s 为泥沙紊动扩散系数，p' 为床沙孔隙率，H 为水位，h 为水深。垂向流速 ω 在 σ 坐标系下为

$$\omega = \frac{w}{h} - \frac{u}{h}\left(\sigma\frac{\partial h}{\partial x} + \frac{\partial H}{\partial x}\right) - \frac{1}{h}\left(\sigma\frac{\partial h}{\partial t} + \frac{\partial H}{\partial t}\right) \tag{2-14}$$

悬沙输运边界采用水面零通量条件，床面边界条件

$$\varepsilon_s\frac{\partial c}{\partial z} + \omega_s c = \omega_s\left(c_b\cos\theta - c_{b*}\right) = D_b - E_b$$
$$c_b = c_0 + \left[1 - \exp\left(-(\omega_s/\varepsilon_s)(z_0 - \delta)\right)\right]c_{b*} \tag{2-15}$$

式中，c_{b*} 为近底饱和泥沙浓度；$\delta = 2D$；c_b 为近底泥沙浓度；z_0、c_0 为最底层网格中心处高度与泥沙浓度；θ 为垂向与床面法向夹角；E_b 为上扬通量；D_b 为沉降通量；D 为泥沙粒径；δ 为参考高度。

河底饱和泥沙浓度、单宽推移质平衡输沙率、不平衡调整长度的经验公式为

$$c_{b*} = 0.015\frac{d_{50}T^{1.5}}{aD_*^{0.3}}, \quad L_s = 3d_{50}D_*^{0.6}T^{0.9}$$
$$q_{b*} = 0.053\left[\frac{\rho_s - \rho}{\rho}g\right]^{0.5}\frac{d_{50}^{1.5}T^{2.1}}{D_*^{0.3}} \tag{2-16}$$

式中，泥沙颗粒参数 $D_* = d_{50}\left[\dfrac{\rho_s - \rho}{\rho v^2}g\right]^{1/3}$，无因次剪切应力余量 $T = \left(u_*'^2 - u_{*cr}'^2\right)/u_{*cr}'^2$。泥沙粒径较细时挟沙力采用修正的 Engelund-Hansen 公式(Ma et al,2020)计算。

在进口处，假设其水平流速、含沙量垂向分布达到平衡(由进口下游节点计算出的流速分布来反推进口断面垂线分布，若干时间步后，即达到平衡状态)，由进口流量、断面的含沙量可求出进口各点水平流速、含沙量；同时认为 $\dfrac{\partial w}{\partial x} = 0$。

2.2.2 水库溯源冲刷模型构建及检验

1. 方程求解的数值格式与算法

采用交错网格离散求解，对流项采用一阶迎风格式。静压求解过程中将流速方程表示成 $AU = H + F$：

$$A_{i+1/2}^n U_{i+1/2}^{n+1} = -g\theta\frac{H_{i+1}^{n+1} - H_i^{n+1}}{\Delta x} + F_{i+1/2}^n$$
$$U_{i+1/2}^{n+1} = -g\theta\frac{H_{i+1}^{n+1} - H_i^{n+1}}{\Delta x}\left[A_{i+1/2}^n\right]^{-1} + \left[A_{i+1/2}^n\right]^{-1}F_{i+1/2}^n \tag{2-17}$$

流速垂线平均值采用矩阵形式

$$\sum_{j=1}^{N_j} u_{i+1/2,j}^{n+1}\Delta\sigma = \Delta\sigma U_{i+1/2}^{n+1} \tag{2-18}$$

代入水位离散方程，得到关于水位的方程。求解关于水位的方程组，由于系数矩阵为对称正定，采用雅可比共轭梯度（JCG）方法求解。然后将求得的水位代入运动离散方程，求得流速。

采用分裂模式求解动水压力项，控制方程仅考虑动水压力项。将离散的运动方程代入连续方程，简化得到关于动压的离散方程：

$$
\begin{aligned}
&\left[\frac{\Delta t}{\rho h_i^{n+1}\Delta\sigma}\left(D_{i,j}^{n+1}D_{i,j+1/2}^{n+1}-1\right)\right]P_{di,j+1}^{n+1} + \left[-\frac{h_i^{n+1}\Delta\sigma\Delta t}{\rho\Delta x^2}\right]P_{di+1,j}^{n+1} \\
&+\left[2\frac{h_i^{n+1}\Delta\sigma\Delta t}{\rho\Delta x^2}+\frac{\Delta t}{\rho h_i^{n+1}\Delta\sigma}\left(2-D_{i,j}^{n+1}D_{i,j+1/2}^{n+1}-D_{i,j}^{n+1}D_{i,j-1/2}^{n+1}\right)\right]P_{di,j}^{n+1} \\
&+\left[-\frac{h_i^{n+1}\Delta\sigma\Delta t}{\rho\Delta x^2}\right]P_{di-1,j}^{n+1}+\left[\frac{\Delta t}{\rho h_i^{n+1}\Delta\sigma}\left(D_{i,j}^{n+1}D_{i,j-1/2}^{n+1}-1\right)\right]P_{di,j-1}^{n+1} \\
&=-\left(\frac{h_i^{n+1}\Delta\sigma}{\Delta x}u_{i+1/2,j}' - \frac{h_i^{n+1}\Delta\sigma}{\Delta x}u_{i-1/2,j}' + w_{i,j+1/2}' - w_{i,j-1/2}' - D_{i,j}^{n+1}u_{i,j+1/2}' + D_{i,j}^{n+1}u_{i,j-1/2}'\right)
\end{aligned}
\tag{2-19}
$$

系数矩阵对称正定，仅有五条对角线元素非零，适合采用 JCG 方法求解。悬沙对流项采用迎风格式：

$$
\begin{aligned}
\left(u\frac{\partial s}{\partial x}\right)_{i,j}^n &= \frac{1}{2}\left(u_{i,j}^{n+1}+\left|u_{i,j}^{n+1}\right|\right)\frac{s_{i,j}^n-s_{i-1,j}^n}{\Delta x} + \frac{1}{2}\left(u_{i,j}^{n+1}-\left|u_{i,j}^{n+1}\right|\right)\frac{s_{i+1,j}^n-s_{i,j}^n}{\Delta x} \\
\left(\omega\frac{\partial s}{\partial\sigma}\right)_{i,j}^n &= \frac{1}{2}\left(\omega_{i,j}^{n+1}+\left|\omega_{i,j}^{n+1}\right|\right)\frac{s_{i,j}^n-s_{i,j-1}^n}{\Delta\sigma} + \frac{1}{2}\left(\omega_{i,j}^{n+1}-\left|\omega_{i,j}^{n+1}\right|\right)\frac{s_{i,j+1}^n-s_{i,j}^n}{\Delta\sigma}
\end{aligned}
\tag{2-20}
$$

悬沙对流项离散形式如下，采用追赶法求解。

$$
\begin{aligned}
&-\left(\frac{\Delta t\omega_s}{2h_i^{n+1}\Delta\sigma}+\frac{\Delta t\varepsilon_{i,j+1/2}^n}{\left(h_i^{n+1}\Delta\sigma\right)^2}\right)s_{i,j+1}^{n+1} + \left[1+\frac{\Delta t\left(\varepsilon_{i,j+1/2}^n+\varepsilon_{i,j-1/2}^n\right)}{\left(h_i^{n+1}\Delta\sigma\right)^2}\right]s_{i,j}^{n+1} \\
&-\left(\frac{\Delta t\omega_s}{2h_i^{n+1}\Delta\sigma}+\frac{\Delta t\varepsilon_{i,j-1/2}^n}{\left(h_i^{n+1}\Delta\sigma\right)^2}\right)s_{i,j-1}^{n+1} \\
&=s_{i,j}^n+\Delta t\left(u\frac{\partial s}{\partial x}\right)_{i,j}^n+\Delta t\left(\omega\frac{\partial s}{\partial\sigma}\right)_{i,j}^n+\frac{\Delta t\varepsilon_{si+1/2,j}^n}{\left(\Delta x\right)^2}s_{i+1,j}^n \\
&-\frac{\Delta t\left(\varepsilon_{si+1/2,j}^n+\varepsilon_{si-1/2,j}^n\right)}{\left(\Delta x\right)^2}s_{i,j}^n+\frac{\Delta t\varepsilon_{si-1/2,j}^n}{\left(\Delta x\right)^2}s_{i-1,j}^n
\end{aligned}
\tag{2-21}
$$

2. 数学模型可靠性检验

选择 van Rijn（1986）的沙坑室内水槽试验结果对本次研究建立的跌坎溯源冲刷数学

模型进行可靠性检验。van Rijn 采用顺直水槽，尺寸为长 30 m、宽 0.5 m、高 0.7 m，床沙 D_{50} = 0.160 mm、D_{90} = 0.2 mm，进口平均流速为 0.51 m/s，水深为 0.39 m，按 0.04 kg/(s·m)进行泥沙补给以保证跌坎上游平衡输沙，下游 16 m 处设置边坡为 1 : 3 沙坑(图 2-11)，沿流向选择四条垂线进行流速和泥沙浓度测量。

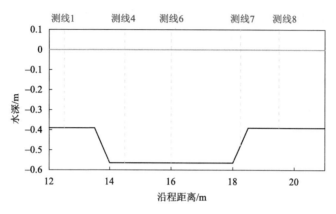

图 2-11　沙坑试验布置示意图

模拟设定垂向分层数为 20，流向网格尺度大小为 0.1 m，按均匀沙计算。对于流速与泥沙浓度垂向分布的沿程调整情况，模拟与实测对比如图 2-12 和图 2-13 所示。所建立的模型能够较好地模拟沙坑水流流速与泥沙浓度垂向分布的沿程调整情况。

2.2.3　水库溯源冲刷模型的验证

选择小浪底模型降水冲刷试验中的 4 个组次、2020 年小浪底水库原型观测跌坎溯源冲刷进行了模拟验证。为了提高计算效率，垂向不进行分层。

1. 模型试验结果的验证

对小浪底水库模型进行 4 个组次的降水冲刷试验模拟(试验条件见前文)。4 个组次模拟冲刷形态如图 2-14～图 2-17 所示，虚线为模拟，实线为实测。

限于当时的试验手段和条件，以及模型用沙铺设密实程度受人为因素影响，测量结果存在不确定性。另外，小浪底模型中库区坍塌对溯源冲刷影响很大，而这一部分没有在模拟中考虑，使得模拟结果和实际情况存在偏差。按照试验中的水沙和出口控制条件，根据计算结果仍然能够较好地模拟各个组次降水冲刷试验中深泓点沿程变化过程，验证了本模型的可靠性。

2. 小浪底水库原型观测结果的验证

以 2020 年汛前实测小浪底库区地形为基础，模拟水库原型观测的溯源冲刷跌坎的形成演化过程，模拟时间范围为 7 月 22 日～8 月 6 日，进口设置在距坝上游 40 km 处，进口水流近似采用小浪底出库过程，进口泥沙则在小浪底出口过程基础上进行折减。床沙和来沙均按照均匀沙处理，粒径 0.010 mm。由于汛前实测地形三角洲淤积顶点在 HH6 断面，本次降水冲刷时 HH3 断面出露，因此需要将三角洲淤积顶点延伸至 HH3 断面。小浪底坝前 30 km 范围内的模拟结果如图 2-18 所示。

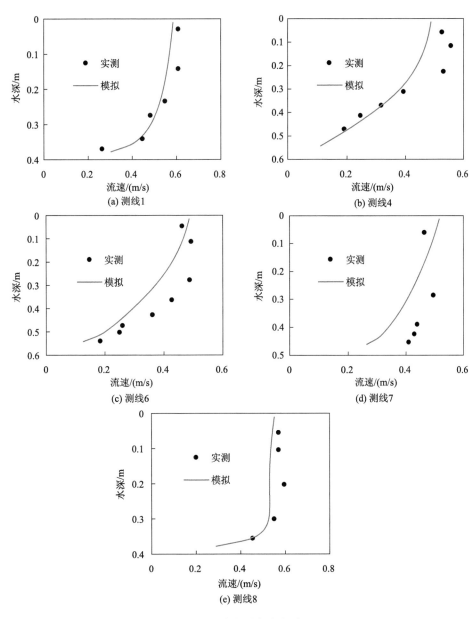

图 2-12　流速垂向分布验证

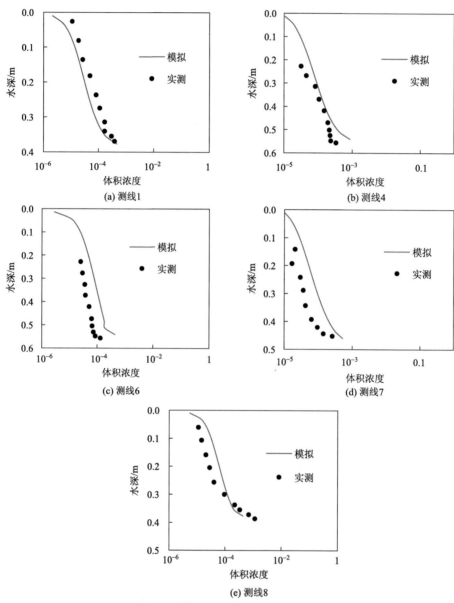

图 2-13　泥沙浓度垂向分布验证

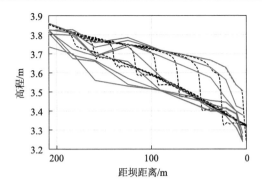

图 2-14　第 1 组次试验干流深泓点沿程变化过程

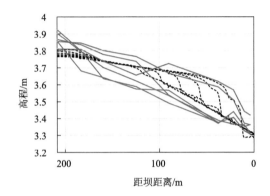

图 2-15　第 2 组次试验干流深泓点沿程变化过程

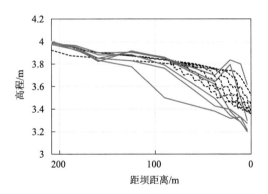

图 2-16　第 3 组次试验干流深泓点沿程变化过程

　　模型中采用冲刷速率最快作为判断跌坎位置的依据。如图 2-19 所示,本次模拟得到的跌坎在向上游溯源过程中逐渐消失,溯源速度与实测基本一致。这说明所建立的模型能够模拟跌坎溯源冲刷过程。

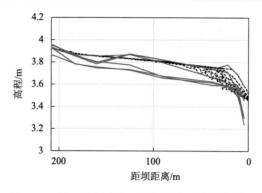

图 2-17　第 4 组次试验干流深泓点沿程变化过程

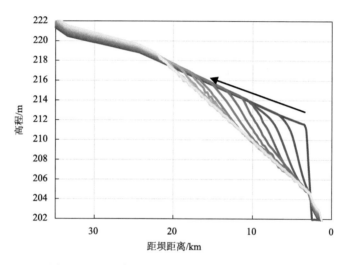

图 2-18　2020 年小浪底水库跌坎的演化过程模拟

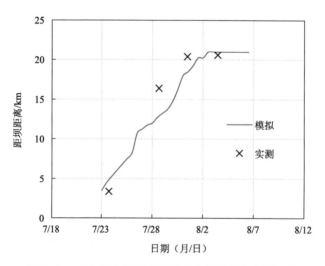

图 2-19　2020 年小浪底水库跌坎位置模拟与实测对比

2.3　水库溯源冲刷形态发展趋势

2.3.1　水库溯源冲刷多情景模拟

在水库溯源冲刷多情景模拟中，首先拟定基础的对照算例。水库库区回水长度为 500 m，其中跌坎上游长度为 350 m，坡度为 0.003；跌坎水平长度为 150 m，高度为 0.09 m（下游水位 2.54 m，跌坎前缘正常水位 2.63 m，以两者水位差计算跌坎高度），坡度为 0.01。床沙中值粒径为 0.03 mm，水库进口单宽流量为 0.167 m²/s，跌坎上游按照平衡输沙计算，初始纵坡面按照三角洲淤积形态。该条件下的计算结果见图 2-20。

基础对照算例结果表明，随着溯源冲刷的发展，跌坎不断向库区上游推进，水面线上的水跃也随之向上游演进；跌坎的坡度不断变缓，逐渐趋近跌坎上游段，坡度最终消失；受跌坎下游淹没水流消能作用，跌坎并非整体向上游推进，跌坎根部仍留在原处。

在此基础上进一步通过设置多情景算例分析泥沙动态调控多因素对溯源冲刷效果的影响。其中，多因素主要包括水库运用水位、库区前期淤积形态、强人工措施、联合调度后续动力加强等，对应跌坎的控制条件依次为跌坎高度、顶坡段坡度、泥沙中值粒径、单宽流量。不同情景的计算条件见表 2-4。

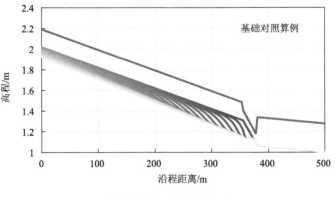

图 2-20　溯源冲刷过程

表 2-4　泥沙调控要素算例说明

泥沙动态调控要素	控制变量	计算方案						
水库运用水位	跌坎高度 (m)	0.10	0.15	0.20	0.25	0.30	—	—
库区前期淤积形态	顶坡段坡度 (—)	0.001	0.002	0.003	0.004	0.005	—	—
强人工措施	泥沙中值粒径 (mm)	0.01	0.015	0.02	0.025	0.03	0.04	0.05
联合调度后续动力加强	单宽流量 (m²/s)	0.016	0.0267	0.033	0.05	0.067	0.10	0.167

2.3.2　水库溯源冲刷形态发展趋势与极限状态

1. 水库溯源冲刷形态发展趋势

结合前文对跌坎形成临界条件的判定，跌坎的形成受坡前段坡度影响较大，坡前段坡度小于某一临界值时，不能产生跌坎。均匀沙情景下，溯源冲刷跌坎高度、发展速度与平均粒径的关系密切。当床沙为无黏结力的淤积物时，泥沙对应的挟沙力较大，溯源冲刷跌坎高度、发展速度与水流强度成正比。

跌坎冲刷塑造的地形受淤积体组成影响会出现较大的起伏，当淤积成层状时，不同深部的抗冲刷能力不同，跌坎临水面一侧的冲刷速率会存在差异，上部冲刷比下部冲刷快时，跌坎会分化为多级跌坎。由于冲刷和剪切应力余量成正比，而不是和剪切力成正比，单一跌坎分化为多级跌坎，剪切力也被分为多个部分，但每个子跌坎的临界剪切应力仍和单一跌坎时一致，每个子跌坎冲刷时则要分别考虑各自的剪切余量。多级跌坎各剪切力与单一跌坎剪切力满足加和关系，而剪切力余量之和则远小于单一跌坎的情况。侵蚀强度与剪切力余量的 1.5 次方成正比，侵蚀强度的差异会更大。因此多级跌坎的冲刷效率远低于单级跌坎。下部冲刷比上部快时，跌坎会淘刷跌坎根部，跌坎上部的淤积体则会出现悬臂梁式的状态，下部的冲刷发展一方面会造成水流悬空，另一方面会形成冲刷坑，起到对水流消能作用，使得水流不能有效作用于跌坎根部的淤积体，从而使得整体的冲刷速率下降，冲刷效果变差，后续跌坎的溯源发展依赖于悬臂梁式的跌坎上部淤积体的结构破坏，这个过程相对于水动力侵蚀过程则缓慢很多。

均匀沙情景下，前期平衡比降，跌坎发展不会停止，会一直溯源下去。跌坎下游的平衡比降与原平衡比降一致。非均匀沙情景下，对于前期平衡比降，通过级配调整，跌坎冲刷能够对床沙粗化形成的保护层进行破坏，但下游新平衡比降变陡，跌坎坎高逐渐变小，跌坎溯源过程逐渐弱化，溯源距离与级配关系密切。

2. 水库溯源冲刷形态极限状态

考虑淤积影响，在满足跌坎形成条件的前提下，给定跌坎初始高度，通过数值模拟发现跌坎发展会出现逐渐加强和逐渐衰减两种趋势。逐渐加强的跌坎塑造地形比原来要缓，而逐渐衰减的跌坎塑造的地形要陡。不满足跌坎形成条件的前提下，设定跌坎初始高度，模拟发现跌坎急剧衰减，溯源距离十分有限，初始跌坎被坦化。对于介于逐渐加强和逐渐衰减状态之间的稳定存在的跌坎较难模拟，这也意味着，跌坎很难保持恒定状态。

通过控制单一变量法模拟分析跌坎高度、跌坎上游(顶坡段)坡度、床沙平均粒径、单宽流量等指标的影响，发现各个指标都存在极限状态阈值，超出阈值时，跌坎会逐渐加强，低于阈值时，跌坎会逐渐衰减，而不衰减也不增强的极限状态是多因素的组合，表 2-5 给出的阈值是基于 2.3.1 小节算例确定的。

表 2-5　极限状态对应阈值

指标	极限状态阈值	超过阈值	低于阈值
跌坎高度	～0.25 m	逐渐加强	逐渐衰减
跌坎上游(顶坡段)坡度	～0.0025	逐渐加强	逐渐衰减
床沙平均粒径	～0.01 mm	逐渐加强	逐渐衰减
单宽流量	～0.05 m²/s	逐渐加强	逐渐衰减

当指标未达到阈值时，跌坎冲刷逐渐衰减至消失，存在极限状态。以跌坎冲刷最大强度减少至初值一半作为跌坎的半衰期 T，采用半衰期内跌坎发展距离 L 作为参照描述跌坎极限状态。

采用模型模拟计算，如图 2-21～图 2-23 所示，跌坎消失之前溯源速度 V(m/s)与泥沙粒径 D(mm)的关系满足

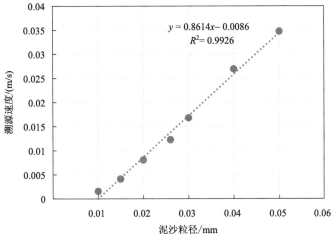

图 2-21　溯源速度与泥沙粒径关系

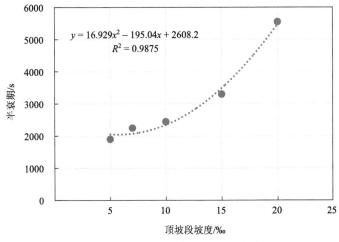

图 2-22　顶坡段坡度与半衰期关系

$$V = 0.8614D - 0.0086 \tag{2-22}$$

跌坎初始高度 $Z(\mathrm{m})$ 与半衰期 $T(\mathrm{s})$ 的关系满足

$$T = 16262\exp(-4.661Z) \tag{2-23}$$

顶坡段坡度 $S(‰)$ 与半衰期 $T(\mathrm{s})$ 的关系满足

$$T = 16.929S^2 - 195.04S + 2608.2 \tag{2-24}$$

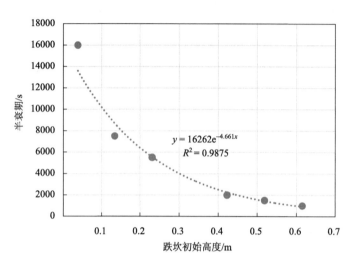

图 2-23　跌坎初始高度与半衰期关系

2.4　跌坎冲刷与泥沙动态调控的响应机制

2.4.1　跌坎冲刷对水库运用水位的响应机制

随着水库水位的降低，三角洲淤积顶点逐步出露，库区水位与三角洲顶点上游处水位构成一定的高差，该处水流由缓流变为急流，出现跌水并形成跌坎。库区水位的差异对应初始跌坎高度的差异，两者高差越大，跌坎高度越高。存在跌坎高度差异的示例结果对比如图 2-24 所示。

通过不同跌坎高度下的算例对比图 2-25 和图 2-26，发现水库运用水位越低，对应跌坎高度越高，溯源冲刷速率和冲刷效果越好。较小的初始跌坎高度下，溯源冲刷强度逐渐减小，跌坎逐渐趋于消失，溯源冲刷后的坡度要比原来的坡度大，而较大的初始高度下，跌坎能够长期维持，溯源冲刷强度不变，溯源冲刷后的坡度和原来的坡度一致。因此，跌坎初始高度的差异对后续跌坎溯源发展的趋势影响很大，跌坎冲刷对水库运用水位的响应关键在于三角洲顶点出露高低。

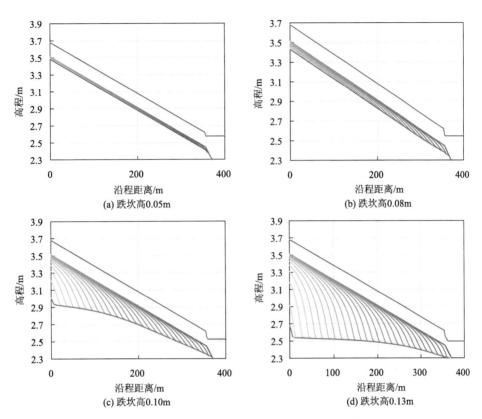

图 2-24　跌坎高程差异对应的不同溯源冲刷过程

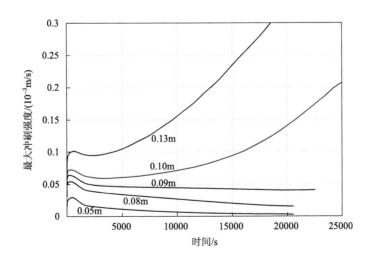

图 2-25　跌坎高程差异对应的最大冲刷强度的沿程变化过程

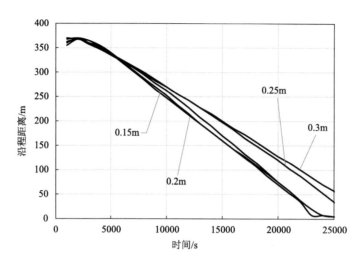

图2-26　跌坎高程差异对应的跌坎溯源移动过程

2.4.2　跌坎冲刷对库区前期淤积形态的响应机制

在水库中跌坎的形成需要淤积体存在上下游坡度转折构成跌坎顶点，这对应了三角洲淤积形态。对于其他淤积体形态，跌坎较难形成。本节基于三角洲淤积形态，分析不同顶坡段坡度变化对跌坎发展演化的影响。存在顶坡段坡度差异的算例结果对比如图2-27所示。

当淤积形态为三角洲淤积形态时，不同的顶坡段坡度对跌坎的发展和冲刷效果的影响非常明显。跌坎冲刷向上游发展过程中，跌坎塑造的下游坡度同样受跌坎冲刷强度影响。顶坡段坡度较小时，跌坎根部溯源冲刷受淹没水流消能作用大，溯源冲刷速率比跌坎上部小，导致跌坎逐渐趋于平缓，冲刷逐渐减弱，跌坎塑造的顶坡段坡度则会比原来偏大。顶坡段坡度较大时，顶坡段本身水动力强，相同跌坎高度下跌坎的冲刷能力也强，跌坎高度会因为跌坎下游的逐渐刷深和跌坎上溯中淤积体加厚而急剧加大，导致跌坎溯源过程愈演愈烈，后续会向多级跌坎发展。尽管跌坎较大的顶坡段坡度是水库调度运用和来水来沙综合作用的结果，在水沙条件不变的情况下通过控制正常运用期水库调度运用方式控制泥沙落淤位置，实现对顶坡段坡度的改变。跌坎溯源冲刷顶坡段坡度越陡，溯源冲刷的距离越远，冲刷效果越好。因此跌坎冲刷对库区前期淤积形态的响应关键在于如何塑造有利于跌坎溯源冲刷的顶坡段大坡度的三角洲淤积形态。

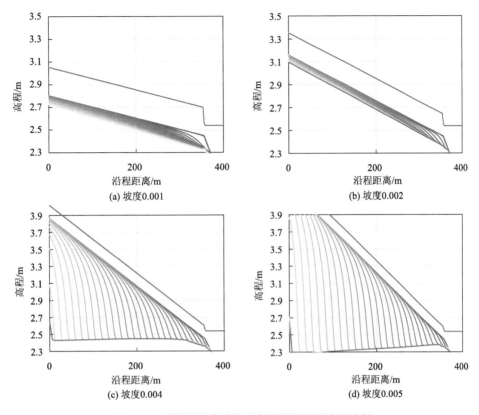

图 2-27　顶坡段坡度差异对应的不同溯源冲刷过程

2.4.3　跌坎冲刷对强人工措施的响应机制

　　强人工措施改变局部河段的床沙级配组成，由于粗泥沙利用，床沙在该处细化，上游来水来沙保持不变时，由于该处细化，本应向下输运的部分粗泥沙会在此处持续落淤，向下游输运的泥沙细化，悬沙与床沙的交换作用使得床沙细化。这里将强人工措施概化为对来沙和床沙泥沙粒径的改变。变化泥沙粒径的算例结果对比如图 2-28 所示。

　　按照均匀沙模式计算，计算结果如图 2-29 和图 2-30 所示，泥沙越细，越难侵蚀，跌坎溯源过程则越缓慢，但跌坎能够长期存在，后期随着跌坎消亡，形成的河床比降则会沿程有变化；较粗的泥沙缺少黏性，跌坎溯源冲刷过程比较快，同时跌坎也快速消亡，后续的溯源冲刷则是在没有跌坎情况下发生的，冲刷后的比降较为一致。更有利于跌坎的溯源过程，跌坎下游河床比降将更平缓（图 2-31 和图 2-32）。总体来说，粗泥沙开采利用的强人工措施切断了粗泥沙对床沙级配调整过程的影响，促进了跌坎的长期保存。

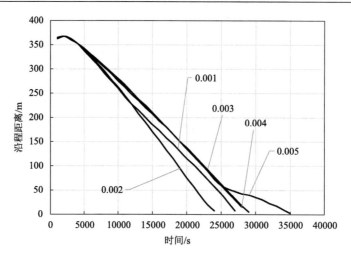

图 2-28　顶坡段坡度差异对应的跌坎溯源移动过程

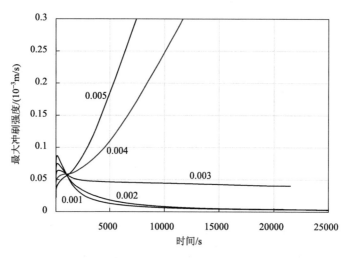

图 2-29　顶坡段坡度差异对应的最大冲刷强度的沿程变化过程

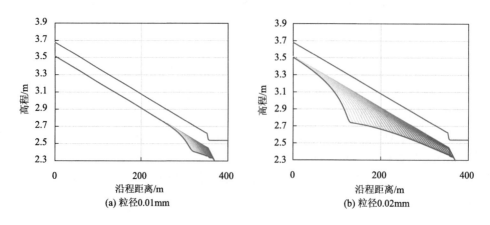

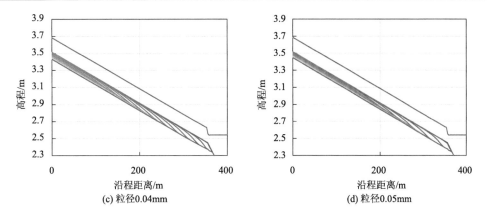

图 2-30　泥沙粒径差异对应的不同溯源冲刷过程

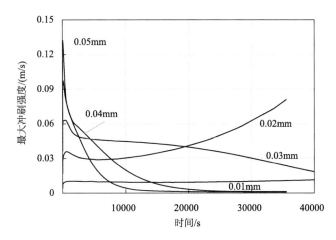

图 2-31　泥沙粒径差异对应的最大冲刷强度的沿程变化过程

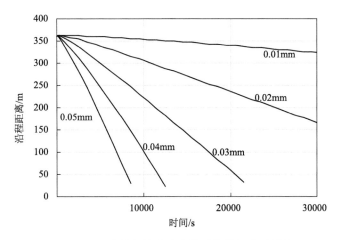

图 2-32　泥沙粒径差异对应的跌坎溯源移动过程

2.4.4　跌坎冲刷对联合调度后续动力加强的响应机制

联合调度后续动力加强表现为较大流量的水流过程历时加长。库区水位降低至低于三角洲顶点高程时，三角洲顶点处的流量直接影响跌坎冲刷。按照平均流量进行考虑时，较大流量的水流过程历时加长对应冲刷平均流量加大。这里将后续动力加强概化为对单宽流量的改变。变化单宽流量的算例结果对比如图 2-33 所示。

按照均匀沙模式计算，计算结果如图 2-34 和图 2-35 所示。算例结果均是跌坎高度降低并趋于消亡的过程。不同流量下跌坎前后缓流状态的正常水深不同，对应不同的跌坎水流冲刷能力以及下游淹没水深。流量较小情况下，下游淹没水深较小，跌坎水流冲刷能力较低，溯源速度慢，同时跌坎根部的侵蚀能力不足，跌坎衰减速度快。流量较大情况下，情况相反，跌坎溯源速度快，同时跌坎根部侵蚀能力较强，跌坎衰减速度变慢。通过联合调度，来水流量增加，比较有利于跌坎冲刷效果。另外，算例结果看出，恒定流量下，随着时间发展，跌坎均趋于消亡。这种情况下通过联合调度延长一定流量下的来水历时，对溯源冲刷效果影响有限。

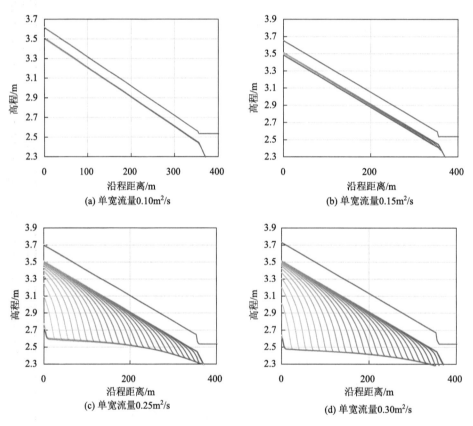

图 2-33　单宽流量差异对应的溯源冲刷过程

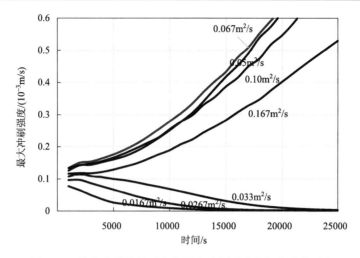

图 2-34　单宽流量差异对应的最大冲刷强度的沿程变化过程

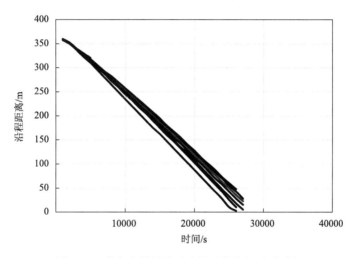

图 2-35　单宽流量差异对应的跌坎溯源移动过程

2.5　小　　结

　　水库在降水冲刷过程中会发生溯源冲刷，出现跌坎，跌坎处水流出现水流急缓交替的流态，跌坎的形成与演化过程直接影响水库溯源冲刷及排沙效果。模型试验表明，降低水位排沙过程是以自下而上的溯源冲刷过程为主，当水位低于坝前淤积面高程时，即可获得较高含沙量的水流出库，且两者的高差越大，冲刷效果越显著。库区河床边界相同的条件下，其冲刷效果取决于洪水流量与历时，流量大冲刷上溯的速度快，历时长冲刷上溯的距离长。原型观测到的小浪底水库跌坎发展范围限于坝前 3.3～21km，在入库流量和坝前水位基本保持不变的情况下，溯源发展速度逐渐衰减。

　　建立有无跌坎情况下的溯源冲刷过程运动方程并进行解析，通过对比分析两者的差异确定跌坎演化的数学表示。将跌坎运动方程应用到跌坎 $Fr=1$ 处，即可得到有跌坎时方程应满足的条件，即为参数 Fr_n 和 Fr_c 构成的跌坎形成理论条件，将原型观测和模型试验的数据进行点绘，确定了跌坎形成条件的可靠性。

构建了水库溯源冲刷过程水沙数值模型，并通过一般性试验数据、模型试验中溯源冲刷跌坎演化过程、小浪底水库溯源冲刷跌坎演化过程检验，验证了模型的可靠性。借此，开展了多种情景下的数值模拟，将泥沙动态调控要素中的水库运用水位、库区前期淤积形态、强人工措施、联合调度后续动力加强等对应为跌坎控制条件跌坎高度、顶坡段坡度、泥沙粒径、单宽流量等进行计算分析。根据模拟结果阐明了溯源冲刷的发展趋势和极限状态，在满足跌坎形成条件的前提下，给定跌坎初始高度，通过数值模拟发现跌坎发展会出现逐渐加强和逐渐衰减两种趋势。逐渐加强的跌坎塑造的地形比原来的要缓，而逐渐衰减的跌坎塑造的地形要陡。通过控制单一变量法模拟分析跌坎高度、跌坎上游(顶坡段)坡度、床沙平均粒径、单宽流量等指标的影响，发现各个指标都存在极限阈值，超出阈值时，跌坎会逐渐加强，低于阈值时，跌坎会逐渐衰减。

本章揭示了跌坎冲刷对泥沙动态调控中水库运用水位、前期淤积形态、强人工措施和联合调度后续动力加强的响应机制。发现水库运用水位越低，对应的跌坎高度越高，溯源冲刷速率和冲刷效果越好。跌坎溯源冲刷顶坡段坡度越陡，溯源冲刷的距离越远。粗泥沙开采利用的强人工措施切断了粗泥沙对床沙级配调整过程的影响，促进了跌坎的长期保存。通过联合调度，来水流量大小增加，有利于跌坎冲刷。

第3章 水库异重流持续运移的动力学机制及临界条件

异重流的形成是由于高含沙水体与周围清水水体存在密度差异。当高含沙水流进入水库以后，由于水体之间密度不同，含沙水体不能保持明渠流动状态，在重力驱使下发生下潜，并沿河床底坡运动。因异重流中的泥沙颗粒往往较细，减阻效应明显，在一定水力条件下即可长距离运移，甚至带动周边一定范围内的近底层泥沙一起运动(冲刷河床)，排沙出库，因而被认为是水库高效排沙的重要方式之一。异重流输移过程中，悬沙浓度垂向调整情况、床面阻力与泥沙起动的关系、交界面阻力与紊动能的关系等非常复杂，目前还无法解答异重流长距离运移的机理问题。因此，迫切需要集成一套系统的、连续的、水沙信息同步的异重流原型观测方法，实时跟踪采集库区异重流运移过程中连续的流速、泥沙浓度和床面地形等数据，支撑异重流持续运移动力学机理研究。本节采用原型观测、水槽实验、理论分析以及数值模拟四种方法开展系统研究，首次实现了长距离异重流的原型跟踪观测，发现了异重流运移过程中形成的水下沟道，探明了清水与异重流交界面处紊流掺混层的紊动特征、异重流与床面交界面处的泥沙起动特性与阻力关系，建立了水-沙-床耦合动力学控制方程；揭示了库区异重流长距离稳定运移的动力学机制，提出了异重流长距离稳定运移的临界条件；阐明了异重流极限排沙状态和前期水下泥沙滞留层对后续异重流的影响。研究成果将为多沙河流水库异重流排沙调度提供坚实的科技支撑。

3.1 长距离异重流原型观测

3.1.1 观测目标

基于机械和声学相结合的方法来测量和记录异重流演进过程中的内部和交界面结构，形成水沙要素和床面形态的连续时空数据序列。通过声波多普勒电流测量仪与机械测速仪设备相结合，测量船采集异重流内部与上层水流的速度。同时搜集水沙实体样本获得泥沙信息。采用参数化回声测深仪和地震波剖面仪探测泥沙沉积所在的地层结构，获取掩埋的废弃河床床面形态。获取的数据作为基础数据，为异重流垂向结构分析提供参照，并为异重流数值模型提供检验依据。

小浪底长距离异重流原型观测目标包括：

(1)小浪底库区泥沙地貌形态。库区地貌是小浪底水库水-沙-地貌动力学建模的基础，汛前、汛中、汛后库区地貌的三维详细测量可以揭示泥沙在库区的淤积过程，以及水沙输运过程对地貌的刻画，特别是异重流过程对地貌的刻画作用。

(2)汛期异重流期间水沙观测。异重流期间的水沙观测重点是揭示水流流速、泥沙浓度分布以及粒径分布、湍流特征等。

3.1.2　观测仪器

通过在测量船只上安装设备仪器来完成小浪底库区的测量任务。图 3-1 给出了测量装置在测量船只上的相对位置，各装置如下所述。

(1) 位置装置：GPS 系统配合相应 ArcGIS 地图软件，实现库区航线的规划及船体的导航工作。

(2) 地形装置：非汛期采用多波束测深仪 (MBES) 实现地形的三维测量工作，汛期库区来水泥沙量较大，限制了多波束测量地形的能力，因而采用了浅地层剖面仪 (PES) 进行地形测量工作，并在一定条件下可以进行清浑交界面的识别。

(3) 水流装置：声学多普勒流速剖面仪 (ADCP) 实现垂线上连续流速测量，旋桨式流速仪实现流速单点测量。

(4) 泥沙装置：悬沙采样器实现水体浓度的原位采样观测，后期通过烘干法得到泥沙浓度；底床采样器实现床沙的原位采样测量，后期通过光学测量方式得到粒径。

(5) 测点水深装置：压力测深仪实现实时记录采样点处压力值并转化为水深值。

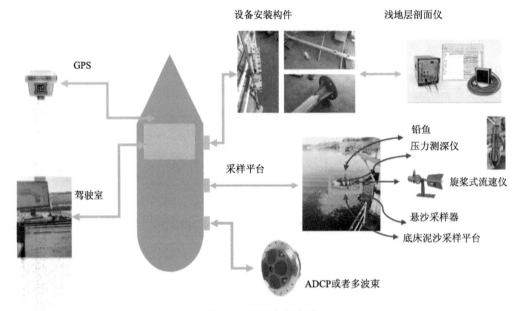

图 3-1　观测仪器布设

3.1.3　观测内容

2018～2020 年开展多次异重流测量工作，并简要整理如下。

(1) 2018 年共进行四次原型测量。测量时段分别标记为 S1、S2、S3、S4，如图 3-2 所示。其中，S1、S4 分别代表汛前、汛后两个时段，应用 MBES 开展了水下三维地形扫描，同时应用 PES 开展了河床底部分层结构测量；S2、S3 时段(即洪水期异重流过程中)仅应用 PES 开展了河床形态测量。由于首次对异重流进行直接观测，相关经验有限，流速、含沙量测量数据有限。

(2)2019 年除在汛前、汛后进行了地形测量外，在汛期对异重流过程进行了水沙测量，主要目的为捕捉异重流自加速过程。测量集中于可能发生自加速异重流区间，重点观测剖面的流速、含沙量。

(3)2020 年配合小浪底水库冲淤目标，水位降低库区冲刷。在此期间主要测量了异重流沿河道深泓线传播发展的流速剖面及含沙量剖面，得到了丰富的成果。结果发现坝前的出流条件对异重流具有显著的影响特征。

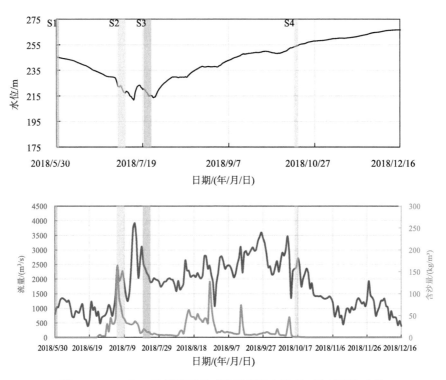

图 3-2　2018 年 4 次原型测量时段及期间水沙(入库)过程和水位

3.1.4　异重流潜入点位置的观测

本次测量通过两种主要方式确定潜入点的位置。

第一，通过表面波(以及上游下来的漂浮物)的空间位置。潜入点的特征是流速为零，并且表面具有清浑交界的明显现象，因此可以通过表面特征来进行判断。流速为零代表着流动停滞，上游来的水流将输移一定量的杂物(杂草、枯枝等)，并逐渐在潜入点处发生聚集。

第二，通过直接的水沙剖面特征。异重流剖面具有显著的特征，即流速在底部最大，并且伴有较多的底层含沙浓度。在垂直于河道中泓线附近采集的水体泥沙含量样本表明，只有在水下河道的位置处才有明显的清浑分界现象。

本次测量潜入点位置的直接观测如下。

(1)汛前测量(S1时段至2018年)：采用多波束三维地形测量。汛前测量的主要发现：坝前三角洲后坡段坡度整体较大，并在其上形成了显著的水下河道结构。从平面上看，水下河道呈弯曲形，具有和天然陆上河流相似的特征。水下河道并非占据全部的坝前段空间范围，而是集中在河道中泓线附近形成(图3-3)。

(2)洪水期测量(S2时段至2018年)：实施了PES测量；确定了异重流潜入点以及运行的空间位置。S2测量时段恰好处于2018年汛期首次天然洪水异重流末期，所以具有重要的科学价值。在S2测量时段确定了异重流潜入点位置(图3-4)。虽然在黄河水利科学研究院针对小浪底水库的研究以及国际文献中常见潜入点位置的相关研究，但是将精细三维地形与之对应尚属少见。

(3)洪水期测量(2020年)：实施了PES测量；确定了异重流潜入点以及运行的空间位置。发现潜入点在坝前三角洲的上游处，潜入点前后，流速以及泥沙剖面具有明确的明渠流动以及异重流流动的区分。

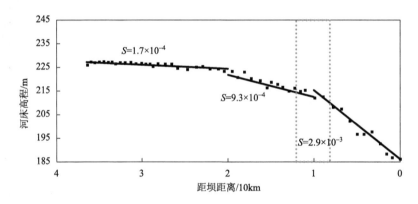

图3-3　小浪底水库2018年汛前(S1时段)地形纵剖以及水下河道起点(虚线框范围)

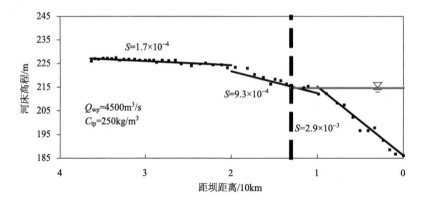

图3-4　洪水异重流期间(S2时段)潜入点位置(虚线覆盖范围)

潜入点位置与水下地形的对应极为关键：通过 S1 时段的测量发现，水下河道的起点位置与潜在潜入点位置吻合，所以推测水下河道的形成与异重流潜入和运行有很大关系。S2 时段的测量确认了这一关系，即潜入点位置与水下河道的起始位置是重合的。除此之外还确定了在异重流潜入后即迅速收敛至水下河道内运行。这说明两点：①水下河道的生成与异重流的潜入和运移有直接关系；②异重流潜入之后并不是占据整个水库平面运移，而是迅速收敛至水下河道内，即水下河道实则是异重流的水下的主要运移路径。

3.1.5 浅地层剖面仪结果展示

浅地层剖面仪是汛期测量地形的有效手段，其能够穿过含沙水体直达库区淤积地形表面，并持续深入探测，通过探测反射强度差异来反演界面的变化，因此在清浑交界面附近、床面附近、水面附近均可以形成明显的界面特征。图 3-5(a)展示了没有明显异重流情况下的探测剖面，在河床以及水体表面呈现了较高的回波强度。图 3-5(b)同时展示了明显异重流潜入点附近的探测剖面，除了在河床以及水体表面呈现了较高的回波强度以外，在距离自由水面 6~7 m 的范围内呈现了非常强烈的条带状分散结构，在河床床面附近检测到高度为 1 m 左右的另一层界面。库区实际观测中，异重流潜入点附近水面呈现时隐时现的泥沙微团，这证明了异重流潜入点附近强烈的湍流特征，并与上层条带状结构符合；底部泥沙采样有时会采集到极大浓度的泥沙，可能对应于床面的浮泥层结构。

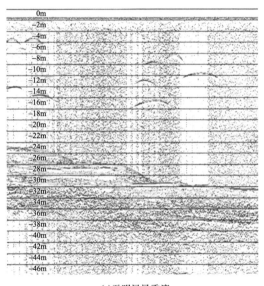 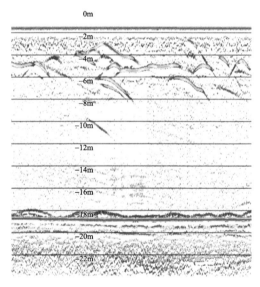

(a)无明显异重流   (b)异重流潜入点附近

图 3-5   PES 探测剖面

3.1.6 异重流高速冲刷实例

2018 年 S2 期间利用 PES 做了单波束折线地形测量，所得地形与汛期观测结果表明，汛前仅深为 8 m 的水下河道，在一次异重流事件(的末期)竟发生了 9 m 左右的巨大冲刷

（图 3-6）。在 20 世纪 60～80 年代，国际上一些学者(Bagnold, 1962; Parker et al., 1986)曾在理论上预测过异重流可以造成巨大冲刷，但在河流-水库系统中的观测尚无先例。需要指出的是，在异重流发生区间，虽然水位较低，但仍未低于河-库交界线，可以判定这次冲刷并不是所谓的低水位溯源冲刷，而是异重流高速冲刷。因此，本次原型观测中 S1 和 S2 两个时段的测量结果，首次给出了在河流系统中发生自加速(冲刷型)异重流的证据（图 3-7）。

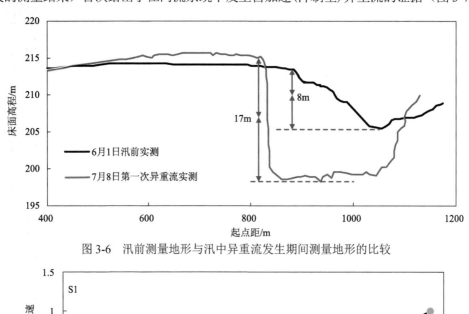

图 3-6　汛前测量地形与汛中异重流发生期间测量地形的比较

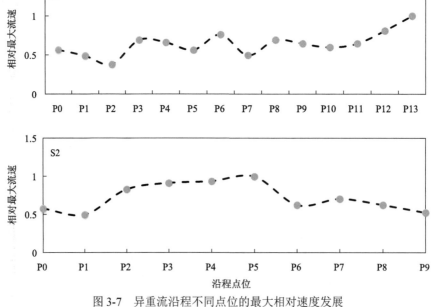

图 3-7　异重流沿程不同点位的最大相对速度发展

3.1.7　坝前三角洲至大坝不同的速度发展过程

异重流在运动过程中受到诸多因素的作用，其中大坝出流条件作为流动的下边界条件，对异重流的影响不可忽略。当大坝出流量为零时，运移至大坝的异重流便不能顺利排出，并逐渐在坝前积累以及随反射波向上游发展，在坝前逐步形成了浑水水库，并随着时间推进朝向浑水水库发展，进一步限制了上游流动发展。当大坝具有很强的出流能力时，这里假设大坝并不存在，运移至大坝位置的异重流可以顺利排出，并且对上游流动影响较小。图 3-7 展示了异重流沿程不同点位的最大相对速度发展，其中排序较大的观测点位代表坝前测点，坝前不同的发展历程与当日的出流条件呈现一致性，当出流流量较大时，坝前最大流速沿程增大，当出流流量较小时，坝前最大流速沿程减小。

3.2　水-沙-床耦合动力学控制方程

利用立面二维水沙耦合两相流模型对异重流进行数值模拟。异重流的形成是由于高含沙水体与周围水体存在着密度差异，当高含沙水体释放到水库中时，由于水体之间密度的差异，含沙水体不能保持明渠状态流动，在重力的驱使下发生潜入，并沿底坡运动冲刷河床，因而被认为是水库高效排沙清淤的重要方式之一。在异重流的运动中，挟沙水体与上层清水间的交界面会产生明显的湍流结构，同时，挟沙水体与床面也发生着源源不断的侵蚀过程或者沉积过程。因此，在异重流的模拟中，建立水流-挟沙水体-床面这三者之间的耦合模型是必要的。

3.2.1　数值模型建立

目前阶段模拟水流运动的数值模型方法主要集中在以下三个方面：直接数值模拟（DNS）、湍流概化数值模拟（RNS 或者 LES）以及垂向平均的分层模型。其中，直接数值模拟理论上可以解析全范围尺度的湍流运动，但是需要极细的计算网格以及极短的计算步长，现有计算水平无法满足真实尺度的工程问题需要；垂向平均的分层模型通过将纳维-斯托克斯方程沿水深积分并平均处理，引入模型封闭必需的经验公式，是现阶段常用的工程数值手段之一，但无法处理下游出流边界的问题，同时，垂向平均的分层模型的计算效果尤其依于经验公式的准确程度，因此，面对日益复杂的实际工程需要，该模型的优势并不凸显，而其更多的应用场景为小范围的数值实验。

湍流概化数值模拟基于平均的纳维斯托克斯方程，并引入必要的湍流封闭模式来计算水流的运动，可以刻画出水流在平均时间意义上的平均表现。在实际工程中，并不追求流动的细节，往往只对其在某个平均时间意义下的平均表现感兴趣，因而湍流概化数值模拟得到的平均结果满足实际工程需要，同时，由于其对计算要求并不高，模型在实际工程中得到了较为广泛的应用。

最终选用垂向二维的非平稳雷诺平均模型（URANS）（Iwasaki and Parker, 2020）来模拟水流的运动特征，此模型已成功应用到异重流的实验室尺度以及真实地形尺度，并且其可靠程度已经得到了充分的验证。交界面的湍流机制对异重流的运动有着重要的影响，显然对其捕捉的程度越高，模拟的结果越可信，此外采用垂向二维的非平稳雷诺平均模型也可以保留一定的湍流结构细节，满足工程意义上的若干需要。

垂向二维的非平稳雷诺平均模型的连续方程以及动量方程如下：

$$\frac{\partial U}{\partial x} + \frac{\partial V}{\partial y} = 0 \tag{3-1}$$

$$\frac{\partial U}{\partial t} + U\frac{\partial U}{\partial x} + V\frac{\partial U}{\partial y} = -\frac{1}{\rho}\frac{\partial P}{\partial x} - g\frac{\partial H}{\partial x} + v\left(\frac{\partial^2 U}{\partial x^2} + \frac{\partial^2 U}{\partial y^2}\right) + \frac{\partial}{\partial x}\left(-\overline{u'u'}\right) + \frac{\partial}{\partial y}\left(-\overline{u'v'}\right) \tag{3-2}$$

$$\frac{\partial V}{\partial t} + U\frac{\partial V}{\partial x} + V\frac{\partial V}{\partial y} = -\frac{1}{\rho}\frac{\partial P}{\partial y} - g\frac{\rho - \rho_0}{\rho} + v\left(\frac{\partial^2 V}{\partial x^2} + \frac{\partial^2 V}{\partial y^2}\right) + \frac{\partial}{\partial x}\left(-\overline{u'v'}\right) + \frac{\partial}{\partial y}\left(-\overline{v'v'}\right) \tag{3-3}$$

式中，x、y 为水平、竖直方向坐标；t 为时间；U、V 为流体 x、y 方向平均流速；P 为压强；u' 为流体水平方向流速紊动流速；v' 为垂直方向紊动流速；ρ 为水沙混合流体密度；ρ_0 为清水密度；g 为重力加速度；v 为流体运动黏度。

泥沙对水流运动的影响主要通过密度项和雷诺应力项体现。其中雷诺应力项为

$$-\overline{u_i'u_j'} = v_t S_{ij} - \frac{2}{3}k\delta_{ij} \tag{3-4}$$

$$S_{ij} = \frac{\partial U_i}{\partial x_j} + \frac{\partial U_j}{\partial x_i} \tag{3-5}$$

$$v_t = \frac{C_\mu}{1 + 2.5R_i}\frac{k^2}{\varepsilon} \tag{3-6}$$

式中，S_{ij} 为应变率张量；k 为湍动能；R_i 为 Richardson 数，与泥沙分层效应有关；变量添加下标 i、j 为爱因斯坦标记法；v_t 为涡黏滞系数；δ_{ij} 为克罗内克函数；C_μ 为常数；ε 为紊动能耗散率。

紊流模型由考虑泥沙作用的 k-ε 模型求解。具体封闭方式如下：

$$\frac{\partial k}{\partial t} + \frac{\partial Uk}{\partial x} + \frac{\partial Vk}{\partial y} = P_{ro} + B - \varepsilon + \frac{\partial}{\partial x}\left[\left(v + \frac{v_t}{\sigma_k}\right)\frac{\partial k}{\partial x}\right] + \frac{\partial}{\partial y}\left[\left(v + \frac{v_t}{\sigma_k}\right)\frac{\partial k}{\partial y}\right] \tag{3-7}$$

$$\frac{\partial \varepsilon}{\partial t} + \frac{\partial U\varepsilon}{\partial x} + \frac{\partial V\varepsilon}{\partial y} = \frac{\varepsilon}{k}\left(C_{\varepsilon 1}P_{ro} + C_{\varepsilon 2}B - C_{\varepsilon 3}\varepsilon\right) + \frac{\partial}{\partial x}\left[\left(v + \frac{v_t}{\sigma_\varepsilon}\right)\frac{\partial \varepsilon}{\partial x}\right] + \frac{\partial}{\partial y}\left[\left(v + \frac{v_t}{\sigma_\varepsilon}\right)\frac{\partial \varepsilon}{\partial y}\right] \tag{3-8}$$

$$P_{ro} = 2v_t\left[\left(\frac{\partial U}{\partial x}\right)^2 + \left(\frac{\partial V}{\partial y}\right)^2\right] + v_t\left[\left(\frac{\partial U}{\partial y}\right)^2 + \left(\frac{\partial V}{\partial x}\right)^2\right], \quad B = \frac{g}{\rho_0}\frac{v_t}{\sigma_t}\frac{\partial \rho}{\partial y} \tag{3-9}$$

式中，P_{ro} 为紊动能产生项；B 为浮力项；σ_k、σ_ε 为 k、ε 的施密特数；$C_{\varepsilon 1}$、$C_{\varepsilon 2}$、$C_{\varepsilon 3}$ 为常数；$C_{\varepsilon 1}=1.44$；当浮力项 $B<0$ 时，$C_{\varepsilon 2}=1$；当 $B>0$ 时，$C_{\varepsilon 2}=0$；$C_{\varepsilon 3}=1.92$；$\sigma_k=1.0$；$\sigma_\varepsilon=1.3$；$\sigma_t=1$。

立面二维泥沙运动方程如下：

$$\frac{\partial c}{\partial t}+\frac{\partial Uc}{\partial x}+\frac{\partial Vc}{\partial y}=\frac{\partial}{\partial x}\left[\left(v_c+\frac{v_t}{\sigma_c}\right)\frac{\partial c}{\partial x}\right]+\frac{\partial}{\partial y}\left[\left(v_c+\frac{v_t}{\sigma_c}\right)\frac{\partial c}{\partial y}\right] \tag{3-10}$$

式中，c 为泥沙浓度。立面二维模型数值求解时，采用 σ 坐标网格，数值格式修正了 σ 坐标网格变形导致的误差项。为达到数值求解的快速稳定，将流体绝对压强项与静压项分裂求解。

3.2.2　数值模型验证

将上述控制方程在贴地坐标中离散，可以更好地模拟水库的真实地形。在贴地坐标中，计算区域的底部边界以及顶部边界通常分别与河床以及自由水面保持匹配。动水压强的计算采用 SIMPLEC 方法，其中泊松方程计算采用多重网格法，对流项的处理采用 WENO 格式，所有物理量的离散采用交错网格配置模式，并采用水槽试验以及小浪底库区的实测资料进行模型的验证工作。

1. 经典水槽试验验证

利用 Garcia（1993）水槽实验异重流数据对数值模型进行验证。实验设置如图 3-8 所示，入流处为浓盐水。其中，图 3-9 显示了不同水平点位的浓度分布观测结果与数值模型结果的比较，图 3-10 显示了浓度分界线的观测结果与数值模型结果的比较。数值结果与实测资料拟合较好说明数值模型针对水槽试验的异重流演进体现了良好的适用性。

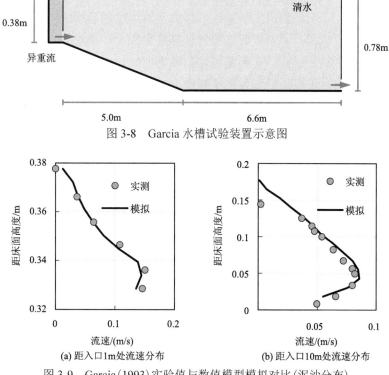

图 3-8　Garcia 水槽试验装置示意图

(a) 距入口1m处流速分布　　　(b) 距入口10m处流速分布

图 3-9　Garcia（1993）实验值与数值模型模拟对比（泥沙分布）

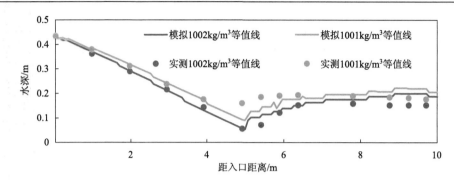

图 3-10　Garcia(1993)实验值与数值模型模拟对比(浓度交界面)

2. 小浪底水库原型验证

为了更好地说明模型的可用性,需要进行小浪底水库实测资料的对比分析与验证。选择 2020 年 8 月 18 日的观测结果进行验证,当日实测入库流量 4710 m³/s,入库沙量 20.35 kg/m³,实测出库流量 1860 m³/s,出库沙量 11.30 kg/m³,库水位为 229.53 m。由于异重流主要是沿着河道最深处运动,为了与我们采用的二维立面模型相匹配,沿程布设 0~9 九个观测点位,其具体位置如图 3-11 所示。图 3-12 展示了异重流沿斜坡发展的三个过程:缓坡潜入过程,陡坡加速过程,坝前反射过程。其中,蓝色点位代表该水平点位的流速最大值,黄色点位代表该水平点位泥沙浓度的最大值,蓝色连线代表数值计算出的沿程最大流速分布,黄色连线代表数值计算出的沿程最大泥沙含量分布。当异重流在缓坡上运行时发生了明显的潜入现象,具体表现为速度的急剧增加以及泥沙含量的增大。当潜入后的异重流运行至斜坡时,数值计算结果表明,异重流将持续加速,但是实测资料并没有捕捉到这一过程。在异重流运行至坝前时,由于出流条件限制,大部分异重流并不能顺利排出,于是沿斜坡发生了减速现象,这与原型观测结果保持一致。

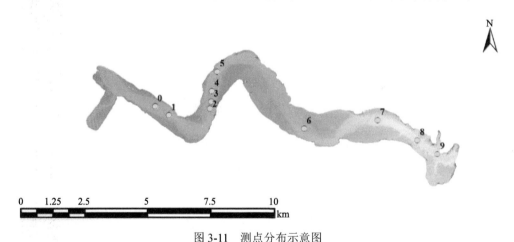

图 3-11　测点分布示意图

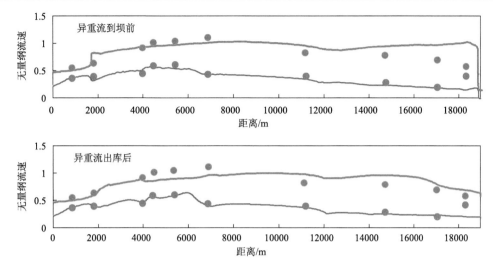

图 3-12　异重流沿程最大流速(蓝)及含沙量(橙)的实测(点)与模拟(线)对比

图 3-13 展示了沿程测点在测量期间的速度剖面及悬沙浓度剖面,对比发现实测值与模拟值均有较好的符合度。可以明显发现,潜入前,速度剖面的分布近似于明渠水流的速度分布,悬沙浓度分布沿垂向较为均匀。潜入后,速度剖面的分布发生明显改变,其最大值出现在底部,悬沙浓度的分布也发生了显著改变,具体表现为最大泥沙含量出现在底部,并且上层水体的泥沙含量显著降低。

水槽实验及小浪底水库原型观测的模拟结果均表明本章所建立的模型具有较好的捕捉异重流的能力,可以较好地反映小浪底水库异重流的发展过程及动力变化过程,为之后的分析提供技术保障。

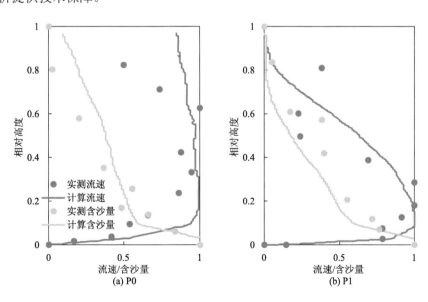

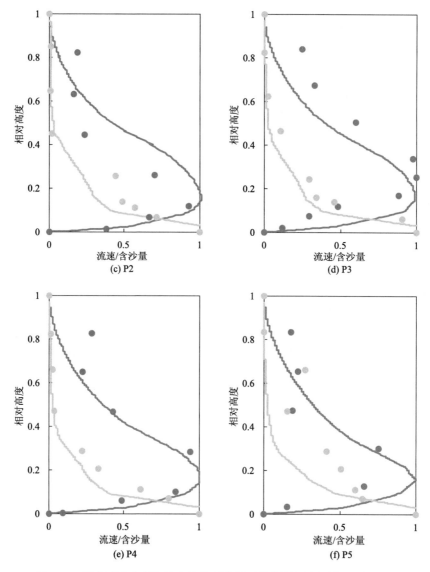

图 3-13　异重流速度(蓝)及含沙量(黄)剖面的实测(点)与模拟(线)对比

3.2.3　清水与异重流交界面处紊流掺混层的紊动特征

通过 DNS 方法可以获得高分辨率的流场信息，捕捉微小尺度的湍流结构，是研究水体紊动特征的有效手段，如 Kostaschuk 等(2018)通过 DNS 方法模拟了连续入流式异重流在斜坡上的嵌入过程。异重流潜入后受到重力的作用沿底坡运动，并且不断与上层清水发生掺混，其清浑交界面处紊流掺混层的紊动特征如图 3-14 所示。

清浑交界面处存在多种不同类型的非稳定结构，如瑞利-泰勒不稳定结构以及开尔文-亥姆霍兹不稳定结构，并且多个开尔文-亥姆霍兹不稳定结构相互叠加形成偶极子涡结构。由于不稳定结构的形成及发育受到很多因素的制约，具有较强的随机性，异重流水体对周围水体的掺混作用具有很强的时空异变性。但是平均来看，不稳定结构发生的位置及强度还是具有一定的周期，在空间上表现为不同不稳定结构空间位置间隔的近似性，在时间上表现为某一位置不稳定结构的交替出现。因此，在较长的时间尺度及空间尺度的含义下，可以采用平均的方法，概化地描述异重流交界面的掺混过程。

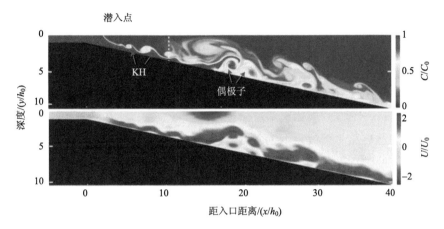

图 3-14　异重流的 DNS 模拟结果（Kostaschuk et al.，2018）

KH，即 Kelvin-Helmholtz，代表不稳定性

一般而言，RANS 模型很难捕捉不稳定的紊流结构。而本节所用的 URANS 模型采用了非恒定的处理方式，使得模拟不稳定的紊流结构成为可能。图 3-15 展示了采用 URANS 模型模拟异重流在潜入后，清浑交界面上的紊动特征。其中，蓝色线代表最大流速分布的位置，绿色线代表水平流速为零的位置，黄色线代表泥沙浓度的分界线，紫色的短竖线代表绿线上的垂直流速的方向及大小，短竖线朝下，代表水体质点的向下运动，短竖线朝上，代表水体质点的向上运动，短竖线越长，代表垂向运动的速度越大。

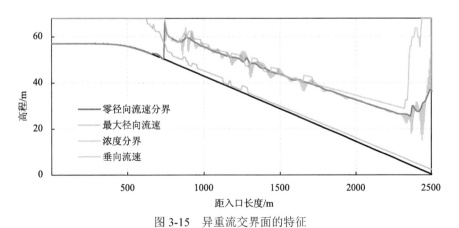

图 3-15　异重流交界面的特征

在异重流潜入之前，最大流速的位置位于水体表面，这与明渠流速分布是一致的，而随着异重流的不断推进，最大流速不断朝向底部发展，值得注意的是，最大流速点位

的下移并不意味着异重流的潜入，直至最大流速点下移到一定程度之后，浓度明显的分界现象才会出现并趋于稳定。

在异重流潜入后，出现了明显的两层流体结构，即上层清水部分以及下层浑水部分，在两者的交界面上水平速度为零，只有垂向速度。垂向速度呈现周期性的上下交替分布，意味着不稳定结构的周期分布。图 3-16～图 3-18 分别描述了异重流运行过程中的速度场、浓度场，以及速度矢量场的分布情况，其中可以很清楚地看出交界面上频繁出现的不稳定结构，以及其在时间及空间范围上的不均匀性。

提取沿程距离 1100 m、1600 m 处的流场信息，并将其按时间发展铺叠，可以得到如下的图示表达。图 3-19 和图 3-20 分别展示了两处的流场信息随时间的变化情况，其中包括水体密度(含沙量)、水体水平流速、水体垂直流速、水体湍动能、水体湍动能耗散率以及水体的湍流黏滞系数。由于所展示的时间跨度比较长，在运动的初期，异重流并没有运动到该处时，流场结构近似按照明渠结构分布，同时后续的水流结构强度较大，当采用统一色谱体系时，较弱的初始段的水流结构则无法显示。当运动持续发展至该水平点位异重流的发生时刻，可以发现，流速、浓度、湍流参数均呈现较强的值。随后运动持续发展，运动结构呈现较为规律的周期性，往复出现。在运动的后期，由于受到下游边界反射产生的回流影响，流场结构将发生明显变化。由于关注的重点在于异重流身体部分交界面上的湍流结构，以下分析将限制在中部时间段范围。

对于浓度发展而言，交界面呈现出较为规律的结构形式，主要表现为低浓度以及高浓度水体的交替出现。在水平距离为 1100 km 时，交替结构的呈现周期约为 40 s，其在竖直方面的跨度约为 0.25 倍的当地水深；而在水平距离为 1600 km 时，交替结构的呈现周期约为 80 s，其在竖直方面的跨度约为 0.2 倍的当地水深。对比两者可以发现，不同水平位置的界面湍流结构是不同的，而靠近潜入点的界面湍流强度偏大，具体表现为结构的高频性以及影响区域较广的性质。

对于水平流速而言，界面上的值较为均匀，结合之前的讨论其值约等于零；而垂向流速则呈现出非常明显的周期结构特征，这说明交界面的湍流结构强度主要由垂向流速结构强度控制。当垂向速度指向上时，水流的湍动能值较小，相应的湍动能耗散率以及湍流黏滞系数均偏小；而垂向速度指向下时，水流的湍动能值较大，相应的湍动能耗散率以及湍流黏滞系数均偏大。对比两水平位置发现，当研究点位靠近潜入点的下游时，其垂向流速的平均效果是指向水面的，代表当地持续增长的异重流厚度；而当研究点位远离潜入点的下游时，其垂向流速的平均效果是指向河床的，注意到此时的向下效果可能和泥沙分子的扩散量级相等，因此当地的异重流厚度呈现出稳定或者减小的趋势。

为了更进一步表明异重流清浑交界面上的紊动特征，在本次数值模拟中提取各个时间点位上的交界面上的湍流统计量，具体而言即湍动能、湍动能耗散以及湍流黏滞系数。图 3-21 展示了交界面的时空分布特性，其中，水平尺度代表交界面的空间跨度，时间尺度代表交界面的时间位置，黄色像素代表较大的物理量取值，蓝色像素代表较小的物理量取值，取水平流速为零点当作清浑交界面的划分依据。

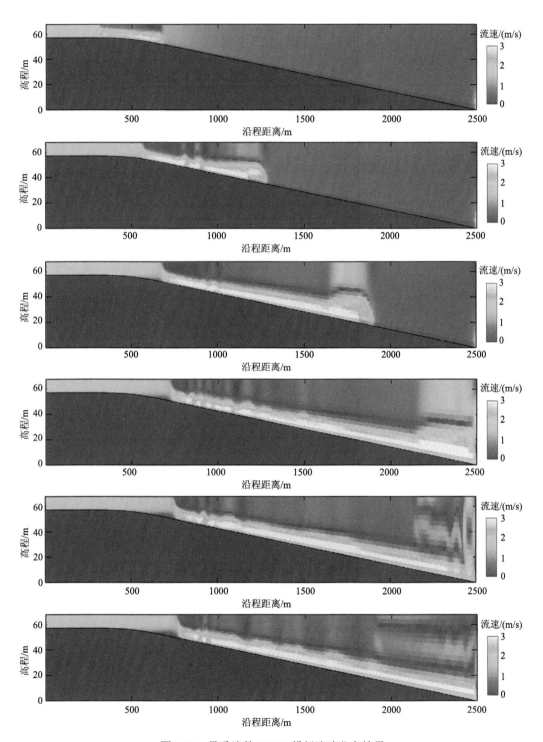

图 3-16　异重流的 RANS 模拟流速分布结果

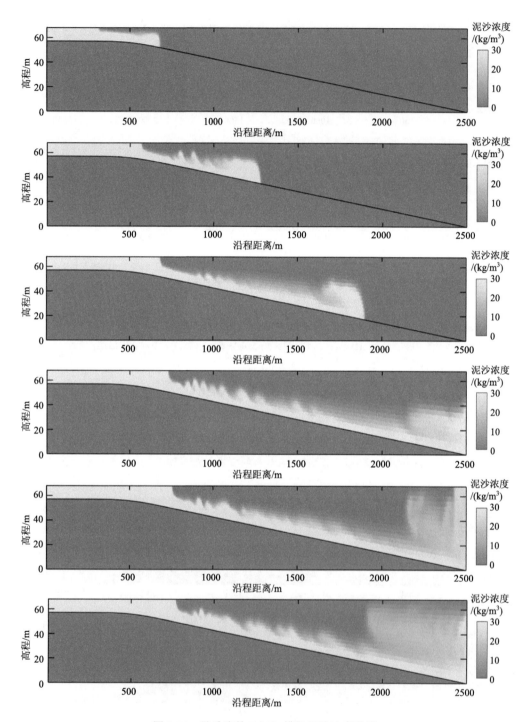

图 3-17 异重流的 RANS 模拟泥沙浓度结果

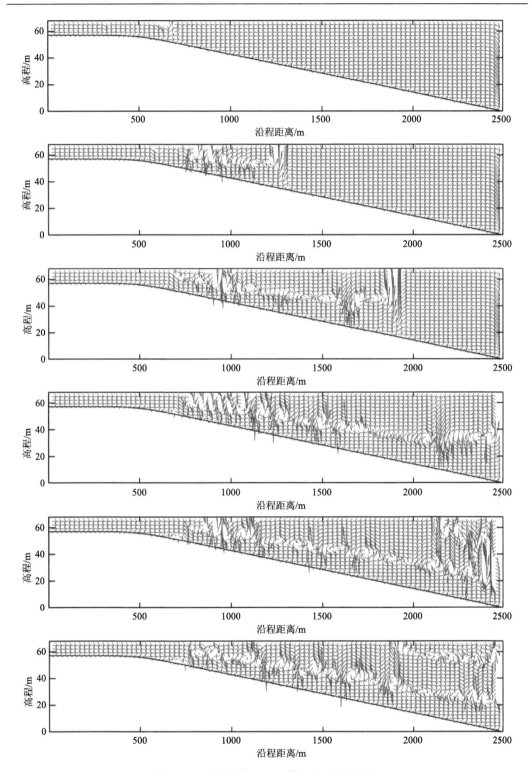

图 3-18　异重流的 RANS 模拟流速矢量分布

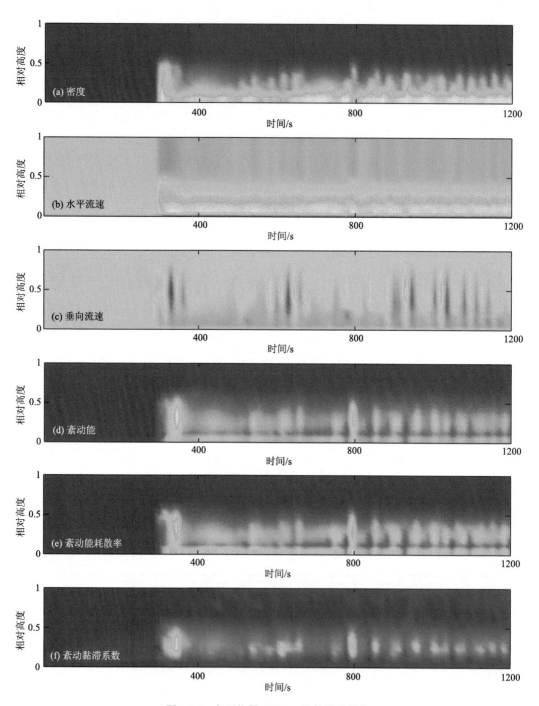

图 3-19　水平位置 1100 m 处的流动结构

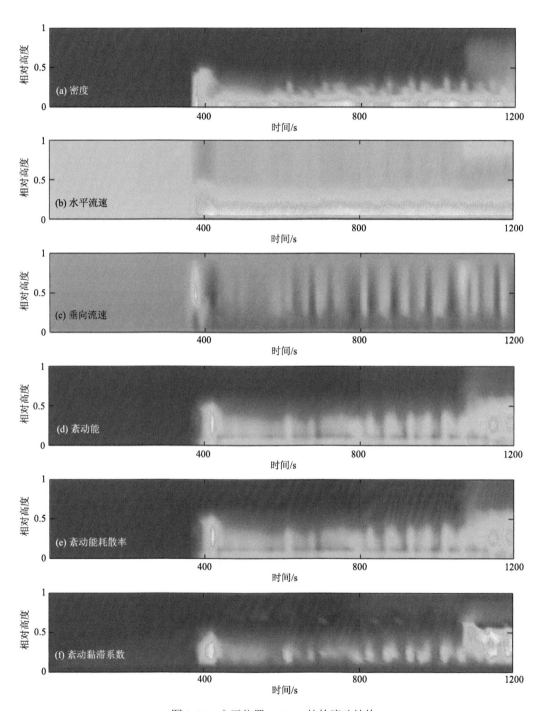

图 3-20　水平位置 1600 m 处的流动结构

图 3-21　交界面湍流结构随时间的发展

水平尺度：时间，垂直尺度：空间

　　　异重流交界面的时空特性随着异重流的向前行进呈现非常显著的阶段性发展规律。异重流的头部往往运动强劲，包含着更多的湍流强度；随之而来的身体则呈现更为恒定的变化状态，包含强弱交替的湍流结构，并且其湍流强度明显弱于异重流的头部状态。

当异重流受到边界调节作用发生反射现象时，下游反射波与上游入射波叠加，促进了交界面上的湍流强度，弱化了交替出现的湍流结构。

图 3-21 中非常清晰地表明了异重流交界面上的湍流结构具有极其接近的向下游传播速度。正是这一现象的存在直接导致了异重流交界面上的湍流结构在空间及时间上的近似周期性分布。

3.2.4　异重流床面交界面处的泥沙启动特性与阻力关系

异重流床面交界面处的泥沙启动特性等同于泥沙侵蚀速率，在计算的过程中采用概化方程计算小浪底底部泥沙的侵蚀量。通过讨论侵蚀量与其他水力因素(平均流速、平均水深、沉降速度)的关系，可以得到异重流床面交界面处的泥沙起动特性与上述三个因素之间的关系。

数值模型的验证率定以及相关研究表明，当前选用的泥沙侵蚀公式可以较好地反映异重流床面交界面处的泥沙起动特性。泥沙起动量与泥沙颗粒的沉速、异重流的平均厚度、异重流的平均高度呈如下函数关系：

$$E_s = \frac{1}{20\rho_s} \frac{\left(\overline{u}^3 / ghv_s\right)^{1.5}}{1 + \left(\overline{u}^3 / 45ghv_s\right)^{1.5}} \tag{3-11}$$

式中，ρ_s 为泥沙颗粒的密度；$\overline{u}$ 为异重流的平均流速；h 为异重流的平均高度；v_s 为泥沙颗粒的沉降速度；E_s 为泥沙起动上扬通量，g 为重力加速度。

图 3-22 与图 3-23 分别描述了泥沙侵蚀率随厚度和流速的变化关系以及泥沙侵蚀率随沉降速度和流速的变化关系，其规律总结如下。

(1)泥沙侵蚀率具有最大值；

(2)随着流速的增大，泥沙侵蚀率增大，其他条件相同时，异重流厚度越大，泥沙侵蚀率越小，泥沙颗粒沉速越大，泥沙侵蚀率越小；

(3)对于较大的异重流厚度而言，流速增大带来的侵蚀率增大速率较低，对于较小的泥沙颗粒沉降速度而言，流速增大带来的侵蚀率增大速率偏快。

当泥沙颗粒沉速越小(粒径越小)，异重流流速越大，异重流厚度越小时，泥沙颗粒更容易从床面上起动，同时泥沙颗粒的群体起动量具有上界值。

通常采用剪切应力来反映交界面上的阻力关系，数值模型中采用如下公式计算：

$$\tau = \rho \left(\frac{\kappa}{\ln(y_a / y)} \right)^2 u^2 \Big|_{y=y_a} \tag{3-12}$$

式中，τ 为床面的摩擦阻力；u 为床面流速值；κ 为卡门常数；ρ 为水体的流速；y 为竖直方向，y_a 为垂向参考位置。此公式的推导基于流速的对数分布律，在河床计算中应用十分广泛，同时剪切应力还可以用剪切流速(摩阻流速)等效表达。

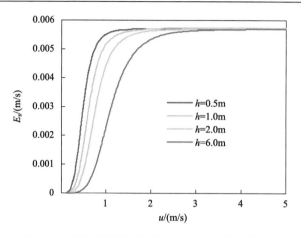

图 3-22　侵蚀率随异重流高度以及流速的变化过程

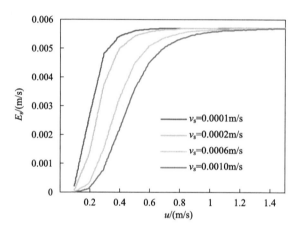

图 3-23　侵蚀率随沉降速度以及流速的变化过程

基于上述分析设置了两组不同的数值试验来分析异重流情况下交界面上的阻力关系，并与清水下泄时的情况进行对比说明。考虑类似于小浪底的真实地形（缓坡段与斜坡段），如图 3-24 所示，两个算例具有相同的地形、相同的输入流量、相同的出流边界，唯一不同的则是泥沙输入浓度。当有泥沙输入时，根据前文的讨论，库区将会发生显著的异重流现象；而当考虑的是清水输入时，库区不具备形成异重流的条件，因而对应的情况是真实水库中的清水下泄过程。

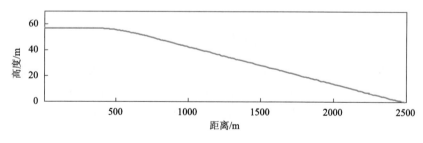

图 3-24　数值算例地形示意图

图 3-25 展示了两个算例得出的底部摩阻流速在相同计算时刻上沿空间的分布情况，根据设置算例之间的结果对比情况，分析如下：

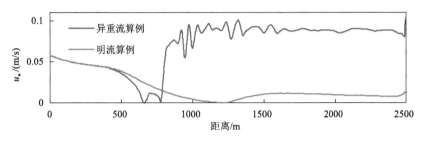

图 3-25　摩阻流速的空间分布

(1) 在缓坡阶段 (水平距离 0～500 m)，不管输入的水体是否含有泥沙，两种情况对应的底摩阻流速接近。这是由于在缓坡段，异重流还没有形成，呈现出明渠流的状态，而这一状态与清水输入产生的明渠流动相似。

(2) 在斜坡段的开始区间 (水平距离 500～800 m)，异重流情况下的摩阻流速明显低于明渠情况下的摩阻流速。考虑到异重流的潜入发生范围正位于此区域中，其流动状态开始从明渠流动向底流态转变，中底部较低的流速将在小范围内增加，这样的急剧变化将会产生局部的底部回流现象，而回流流速较小造成了较低的摩阻流速。

(3) 在斜坡段靠后部位，明渠水流的摩阻流速并没有随着沿程水深的增加而减小，而是略有增加，并越靠近底部出口，增加的速率越快，这反映了水库底孔出流对坝前河段的塑造作用。但是集中在床面附近的异重流具有较高的流动速度，产生的摩阻流速大概是清水流速的 10 倍。

结合上述分析可以得出异重流具有更多的侵蚀效率。上述结果也为异重流是水下河道的成因给出了有力证据。在库区观测中发现大坝前端产生了非常明显的冲刷河道，并且有十分类似天然河流的蜿蜒形态。关于水下河道的成因，有两种主流认识：一类认为水下河道是由异重流产生的，而另一类认为是坝前清水下泄导致的溯源冲刷产生的。回答这一问题的关键即是搞清楚异重流浑水的冲刷能力与清水的冲刷能力之间的大小关系。泥沙起动率是摩阻流速的幂函数，可以通过比较两种情况下 (异重流冲刷和清水冲刷) 河床底部的摩阻流速 (剪切流速)，进而进行冲刷泥沙潜力的对比。上述分析中，集中在床面附近的异重流具有较高的流动速度，产生的摩阻流速大概是清水流速的 10 倍。考虑到挟沙能力与摩阻流速的三次方成正比，相同条件下浑水异重流的挟沙能力是清水流动侵蚀的 1000 倍。因此异重流产生更大的河床冲刷是产生水下河道的直接原因。

3.3　库区异重流长距离稳定运移的动力学机制和临界条件

异重流的动力过程包括异重流的潜入过程以及后续的发展过程，动力因素及阻力因素的相互调节反馈机制促使异重流加速或减速，进一步造成异重流长距离输移或者消亡。

对于异重流的潜入过程，前人已经积累了非常丰富的理论成果，并结合库区的实际观测结果给出了合理的潜入动力条件。本节总结了满足异重流持续运动的定性条件，包括一定的入库流量和洪峰持续时间、入库含沙量、库底坡降、合适地形条件、泄水闸门的及时开启；分析了已有异重流持续运动条件的定量估算方法的不足之处，提出了异重流持续运动条件可用来水流量与含沙量关系分区表示；并以小浪底水库为例，基于水流功率及库区平均水深的关系定量表示异重流持续运动的临界条件，该方法涵盖了上述定性给出的异重流持续运动 5 个条件。

3.3.1 动力方程

异重流的运动是水体运动和水中泥沙运动的耦合过程。其中，水体运动基于纳维-斯托克斯方程(NS 方程)描述，泥沙运动基于简化的对流扩散方程描述，通过将这两个方程进行垂向积分平均，得到描述异重流运动的控制方程组：

$$\frac{\partial h}{\partial t} + \frac{\partial hu}{\partial x} = e_{\mathrm{w}}u \tag{3-13}$$

$$\frac{\partial ch}{\partial t} + \frac{\partial huc}{\partial x} = v_{\mathrm{s}}\left(E_{\mathrm{s}} - r_{\mathrm{o}}c\right) \tag{3-14}$$

$$\frac{\partial hu}{\partial t} + \frac{\partial hu^2}{\partial x} = -\frac{1}{2}Rg\frac{\partial h^2 c}{\partial x} + RghcS - u_*^2 \tag{3-15}$$

式中，h 为异重流的平均厚度；u 为异重流的平均速度；c 为异重流的平均含沙量；v_{s} 为泥沙颗粒沉速；g 为重力加速度；S 为地形坡度；e_{w} 为清混交界面的吸水速率；E_{s} 为底床泥沙侵蚀速率；r_{o} 为平衡状态时底部含沙量与平均含沙量的比值系数；u_* 为摩阻流速；R 为泥沙颗粒的水下比重，取 1.65。将方程组偏导数项逐项展开，可表示为

$$\frac{\partial h}{\partial t} + u\frac{\partial h}{\partial x} + h\frac{\partial u}{\partial x} = e_{\mathrm{w}}u = R_1 \tag{3-16}$$

$$\frac{\partial c}{\partial t} + u\frac{\partial c}{\partial x} = \frac{v_{\mathrm{s}}\left(E_{\mathrm{s}} - r_{\mathrm{o}}c\right) - ce_{\mathrm{w}}u}{h} = R_2 \tag{3-17}$$

$$\frac{\partial u}{\partial t} + u\frac{\partial u}{\partial x} + \frac{1}{2}Rgh\frac{\partial c}{\partial x} + Rgc\frac{\partial h}{\partial x} = \frac{RghcS - u_*^2 - e_{\mathrm{w}}u^2}{h} = R_3 \tag{3-18}$$

其矩阵形式为

$$\frac{\partial Q}{\partial t} + A\frac{\partial Q}{\partial x} = R_Q \tag{3-19}$$

$$Q = \begin{bmatrix} h \\ c \\ u \end{bmatrix}, A = \begin{bmatrix} u & 0 & h \\ 0 & u & h \\ Rgc & Rgh/2 & u \end{bmatrix}, R_Q = \begin{bmatrix} R_1 \\ R_2 \\ R_3 \end{bmatrix} \tag{3-20}$$

其中，系数矩阵可按照下列展开：

$$A = M_L E M_R \tag{3-21}$$

$$E = \begin{bmatrix} u & & \\ & u - \sqrt{Rgch} & \\ & & u + \sqrt{Rgch} \end{bmatrix} \tag{3-22}$$

$$M_L = \begin{bmatrix} -h/2c & -1/K & 1/K \\ 1 & & \\ & 1 & 1 \end{bmatrix}, \quad M_R = \begin{bmatrix} & & 1 \\ -K/2 & -K/4 & 1/2 \\ K/2 & K/4 & 1/2 \end{bmatrix} \tag{3-23}$$

$$K = \sqrt{Rgc/h} \tag{3-24}$$

在三条特征线上分别满足如下方程：

$$\begin{cases} \dfrac{\mathrm{d}x_1}{\mathrm{d}t} = u \\[2mm] \dfrac{\mathrm{d}c}{\mathrm{d}t} = R_2 \end{cases} \tag{3-25}$$

$$\begin{cases} \dfrac{\mathrm{d}x_2}{\mathrm{d}t} = u - \sqrt{Rgch} \\[2mm] \dfrac{\mathrm{d}}{\mathrm{d}t}\left(-\dfrac{K}{2}h - \dfrac{K}{4}c + \dfrac{u}{2} + \dfrac{3}{4}K \right) = -\dfrac{K}{2}R_1 - \dfrac{K}{4}R_2 + \dfrac{1}{2}R_3 \end{cases} \tag{3-26}$$

$$\begin{cases} \dfrac{\mathrm{d}x_3}{\mathrm{d}t} = u + \sqrt{Rgch} \\[2mm] \dfrac{\mathrm{d}}{\mathrm{d}t}\left(\dfrac{K}{2}h + \dfrac{K}{4}c + \dfrac{u}{2} - \dfrac{3}{4}K \right) = \dfrac{K}{2}R_1 + \dfrac{K}{4}R_2 + \dfrac{1}{2}R_3 \end{cases} \tag{3-27}$$

考虑齐次化的守恒型方程有

$$\frac{\partial h}{\partial t} + \frac{\partial hu}{\partial x} = 0 \tag{3-28}$$

$$\frac{\partial ch}{\partial t} + \frac{\partial huc}{\partial x} = 0 \tag{3-29}$$

$$\frac{\partial hu}{\partial t} + \frac{\partial hu^2 - \dfrac{1}{2}Rgh^2c}{\partial x} = 0 \tag{3-30}$$

其特征线方程简化为

$$\begin{cases} \dfrac{\mathrm{d}x_1}{\mathrm{d}t} = u \\[2mm] \dfrac{\mathrm{d}c}{\mathrm{d}t} = 0 \end{cases} \tag{3-31}$$

$$\begin{cases} \dfrac{\mathrm{d}x_2}{\mathrm{d}t} = u - \sqrt{Rgch} \\[2mm] \dfrac{\mathrm{d}}{\mathrm{d}t}\left(-\dfrac{K}{2}h - \dfrac{K}{4}c + \dfrac{u}{2} + \dfrac{3}{4}K \right) = 0 \end{cases} \tag{3-32}$$

$$\begin{cases} \dfrac{\mathrm{d}x_3}{\mathrm{d}t} = u + \sqrt{Rgch} \\[2mm] \dfrac{\mathrm{d}}{\mathrm{d}t}\left(\dfrac{K}{2}h + \dfrac{K}{4}c + \dfrac{u}{2} - \dfrac{3}{4}K \right) = 0 \end{cases} \tag{3-33}$$

考虑初值有间断的黎曼问题时，当解是激波或者接触间断时，需要满足间断关系：

$$[uh] = D[h] \tag{3-34}$$

$$[uch] = D[uh] \tag{3-35}$$

上述成立等同于：

$$[c] = 0 \tag{3-36}$$

即激波或者接触间断前后泥沙含量不变。异重流具有明显的清浑水分界，因而其方程解必定存在膨胀波结构。根据黎曼问题解的几何条件，合理的膨胀波解应位于中间特征线上，其波头及波尾分别在另外两条特征线上。因此，第三个特征波速可以作为异重流头部传播速度的表征。在第三条特征线上，有如下等式成立：

$$\frac{\mathrm{d}x_3}{\mathrm{d}t} = u + \sqrt{Rgch} \tag{3-37}$$

$$\frac{\mathrm{d}}{\mathrm{d}t}\left(\frac{1}{2}\sqrt{Rgch} + \frac{u}{2} + \frac{1}{4}\sqrt{\frac{Rgc}{h}}(c-3) \right) = \frac{1}{2}\sqrt{\frac{Rgc}{h}}R_1 + \frac{1}{4}\sqrt{\frac{Rgc}{h}}R_2 + \frac{1}{2}R_3 \tag{3-38}$$

经化简得

$$a + \frac{1}{2}(c-3)\frac{\mathrm{d}}{\mathrm{d}t}\sqrt{\frac{Rgc}{h}} + \frac{1}{2}\sqrt{\frac{Rgc}{h}}\frac{\mathrm{d}c}{\mathrm{d}t}$$
$$= \frac{1}{2}\sqrt{\frac{Rgc}{h}}\frac{v_s(E_s - r_0 c) - ce_w u + 2e_w uh}{h} + \frac{RghcS - u_*^2 - e_w u^2}{h} \tag{3-39}$$

式中，a 代表异重流头部运动的加速度。归并驱动力项、阻力项和非线性项后，上式可变形为

$$ha = F_I + F_R + F_{\mathrm{non}} \tag{3-40}$$

$$F_I = RghcS + \sqrt{Rgch}e_w u \tag{3-41}$$

$$F_R = -u_*^2 - e_w u^2 \tag{3-42}$$

$$F_{\mathrm{non}} = \frac{1}{2}\sqrt{Rgch}\left(R_2 - \frac{\mathrm{d}c}{\mathrm{d}t} \right) - \frac{1}{2}(c-3)h\frac{\mathrm{d}}{\mathrm{d}t}\sqrt{\frac{Rgc}{h}} \tag{3-43}$$

上述公式表明了异重流头部运动中加速度的影响因素。其中，驱动力项主要由含沙水体重量沿底坡的分量以及密度差异带来的动水压力构成，阻力项主要由清浑交界面的掺混以及异重流与床面的摩擦构成，构成复杂的非线性项需要进行模化。通常而言，泥沙颗粒、地形、重力加速度是给定的变量，而异重流的代表速度、代表深度、代表含沙量是待求未知量。为了研究问题方便，通常假设异重流代表水深已知，异重流代表含沙量与泥沙侵蚀量通过经验关系进行对等转化，这样方程的未知量就只剩异重流代表速度。

3.3.2 封闭关系

当考虑齐次方程情况时，异重流头部的加速度表示为

$$ha = F_{n1} + F_{n2} \tag{3-44}$$

$$F_{n1} = -\frac{1}{2}\sqrt{Rgch}\frac{\mathrm{d}c}{\mathrm{d}t} \tag{3-45}$$

$$F_{n2} = -\frac{1}{2}(c-3)h\frac{\mathrm{d}}{\mathrm{d}t}\sqrt{\frac{Rgc}{h}} \tag{3-46}$$

加速度应随着浓度提升而增大，因此第三项的作用可以忽略。在第一条特征线上满足：

$$\frac{\mathrm{d}c}{\mathrm{d}t} = R_2 \tag{3-47}$$

因此在第三条特征线上，可做如下简化：

$$R_2 - \frac{\mathrm{d}c}{\mathrm{d}t} = f(R_2) = f(v_s(E_s - r_o c)) = -\frac{1}{2}\sqrt{\frac{Rgc}{h}}v_s(E_s - r_o c) \tag{3-48}$$

综上，得到异重流头部运动加速度的表达形式为

$$a = \frac{1}{h}(F_I - F_R) \tag{3-49}$$

$$F_I = RghcS + \sqrt{Rgch}e_w u \tag{3-50}$$

$$F_R = u_*^2 + e_w u^2 + \frac{1}{2}\sqrt{\frac{Rgc}{h}}v_s(E_s - r_o c) \tag{3-51}$$

引入摩擦系数的概念来计算摩阻流速：

$$u_*^2 = C_d u^2 \tag{3-52}$$

$$C_d = 0.088\,\mathrm{Re}^{-1/4} \tag{3-53}$$

$$\mathrm{Re} = \frac{uh}{\nu} \tag{3-54}$$

式中，雷诺数公式中 ν 为水体的黏滞系数。采用武水公式来计算泥沙颗粒的沉降速度：

$$v_s = -4\frac{k_2}{k_1}\frac{\nu}{D_{50}} + \sqrt{\left(4\frac{k_2}{k_1}\frac{\nu}{D_{50}}\right)^2 + \frac{4}{3k_1}RgD_{50}} \tag{3-55}$$

$$k_1 = 1.22, \quad k_2 = 4.27 \tag{3-56}$$

根据观测资料显示，小浪底水库近坝段的泥沙颗粒粒径小于 100 μm，属于细颗粒的范畴，因此选用中值粒径作为代表粒径进行简化。

采用如下形式（Ma et al.，2020）计算泥沙侵蚀率：

$$E_s = C_d \alpha_s \left(\frac{u_*^2}{RgD_{50}}\right)^{n_s} \tag{3-57}$$

$$f_{Z_g}(\sigma_D) = \begin{cases} 3 & \sigma_D > 2 \\ 21.06 - 9.3\sigma_D & 1.3 \leqslant \sigma_D \leqslant 2 \\ 9.5 & \sigma_D < 1.3 \end{cases} \tag{3-58}$$

$$(\alpha_s, n_s) = \begin{cases} (0.90, 5/3) & Z_g > f_{Z_g}(\sigma_D) \\ (0.05, 5/2) & Z_g < f_{Z_g}(\sigma_D) \end{cases} \tag{3-59}$$

$$Z_g = \frac{u_*}{v_s} \tag{3-60}$$

$$\sigma_D = \sqrt{\frac{D_{84}}{D_{16}}} \tag{3-61}$$

异重流在发展过程中会与上层清水掺混，产生明显的涡结构，各种尺度的涡结构不断混搅着清水与浑水，具体表现为清浑交界面的不断模糊及异重流厚度的不断增加。采用卷吸系数来概化上述清浑界面的卷吸掺混过程：

$$e_w = \frac{0.00153}{0.0204 + 10R_i} \tag{3-62}$$

$$R_i = \frac{Rgch}{u^2} \tag{3-63}$$

当异重流与床面物质交换净通量为 0，且清浑水交界面的卷吸过程可被忽略时，满足下列基本平衡方程：

$$RgchS = u_*^2 \tag{3-64}$$

异重流维持恒定均匀状态。异重流以一定速度向前行进时，泥沙浓度满足如下关系：

$$c_e = E_s / r_o \tag{3-65}$$

$$r_o = 1 + 31.5Z_g^{-1.46} \tag{3-66}$$

上述公式是在平衡状态下推求的，当异重流偏离此状态时，浓度的关系也应随之改变，但总体上应具有趋向平衡的运动特征。具体而言，当异重流速度低于平衡速度时，会带来浓度的向上集中，使得比值 r_o 减小；而当异重流速度高于平衡速度时，会带来浓度的向下集中，使得比值 r_o 增大，因此需要在偏离平衡态时对 r_o 进行修正。可采用一种简单的修正方法：

$$r_o' = \left(\frac{u}{u_e}\right)^{\alpha_c} r_o \tag{3-67}$$

$$\alpha_c = 0.1797\ln\left(\frac{ch}{D_{50}}\right) + 0.2849 \tag{3-68}$$

大量研究表明，异重流的水动力特性可大致分为两个分区。当 $R_i < 1$ 时，流动属于超临界运动，此时泥沙集中在底部，即对应较大的比值 r_o；而当 $R_i \geqslant 1$ 时，流动属于亚临界运动，此时浓度剖面呈现较为稳定的分界线，在分界线下方分布均匀，即对应较小

的比值 r_0。考虑到 R_i 与流速的反比关系，因此底部浓度占比规律符合基于平衡观点的结果。也就是说，上述简单的修正关系可以基本描述浓度分布规律。至此，已经建立了描述异重流动力机制的模型架构，在给定的条件下，通过计算驱动力因素以及阻力因素的相互关系，可以判断异重流运移的后续发展方式，为异重流排沙期间的水库调度提供依据。

3.3.3　动力关系模式

当阻力项与动力项相等时，异重流头部加速度为 0，异重流处于平衡状态。由于各因素之间的非线性关系，其加速度为 0 的点并不唯一。图 3-26 点绘了当异重流代表高度为 0.9 m 时，在设定的泥沙和地形条件下，异重流阻力项及动力项和异重流代表流速的关系。可以看出，当代表流速为 0 时，异重流阻力项与动力项分别为 0，此时加速度为 0，异重流处于静止平衡状态；当代表流速增加时，阻力项大于动力项，异重流处于减速状态，位于此区域的异重流将持续不断地减速，直至速度为 0，异重流消失；当代表流速持续增加到阻力项与动力项相等时，异重流处于新的平衡状态，但位于该平衡状态的异重流在微小扰动下会呈现加速或者减速两种截然不同的情况，因此该点是不稳定的平衡状态。随着代表流速的持续增加，动力项大于阻力项，异重流持续加速，直至动力项再次与阻力项平衡，异重流再次达到新的平衡状态。该处流速增加时阻力项增加幅度大于动力项增加幅度，进而引起流速减小，流速的减小又使得阻力项减小幅度大于动力项减小幅度，如此两者交替制衡使得异重流代表速度维持在该动平衡速度上下波动，因此该点为稳定的平衡状态。综上所述，不稳定的平衡状态代表异重流持续运移或者加速运移的下限，稳定的平衡状态代表异重流可能的最大平衡运动速度。

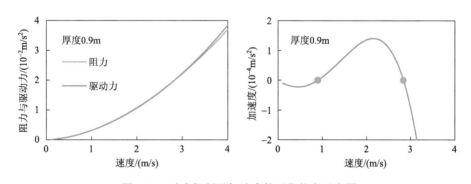

图 3-26　动力机制及加速度的平衡状态示意图

3.3.4　不同地形下的动力关系

动力关系在不同设置下具有不同的表现，换句话说，动力关系随着泥沙颗粒性质及地形坡度参数等因素的变化而变化。为了与研究区域条件相匹配，考虑真实的小浪底库区情况，分别研究不同代表设置下的动力关系的具体表现。根据小浪底库区的实际情况，考虑泥沙粒径为 15 μm，地形坡度为 0.0005 的背景设置，并选择异重流高度 0.7 m、0.8 m、0.9 m。其各自的动力关系如图 3-27 所示。

缓坡时动力关系呈现了 3 个平衡流速，分别对应静止平衡态、不稳定平衡态以及稳定平衡态，随着异重流高度的不断增加，不稳定平衡态对应的平衡流速减小。显然，当异重流高度增加时，其驱动力增加的速率将大于阻力增加的速率，因此异重流将在更小的流速下发展，即更小的不稳定平衡流速。同时，随着异重流高度的不断增加，稳定平衡态对应的平衡流速也呈现了减小的特点。与不稳定的平衡流速关系一致，较大的异重流高度意味着较大的驱动力梯度、较低的平衡流速。

根据小浪底库区的实际情况，考虑泥沙粒径为 15 μm、地形坡度为 0.005 的背景设置，数值计算结果表明，在陡坡时，极小的流速即可产生加速现象。实际上，基于简单的平衡关系，陡坡时异重流的平衡流速满足如下关系：

$$k = \frac{v_s \cos \beta}{u \sin \beta} \leqslant 1 \tag{3-69}$$

上述异重流代表速度的阈值为 0.01 m/s 左右，属于微小流速，与动力因素计算出来的平衡关系情况一致。这说明陡坡条件下，极小的流速即可产生自加速现象。故而在陡坡地形下只要异重流具有持续输入条件，异重流就具备自加速的可能。因此，异重流能否长距离输移，很大程度上取决于异重流在缓坡段的动力关系。

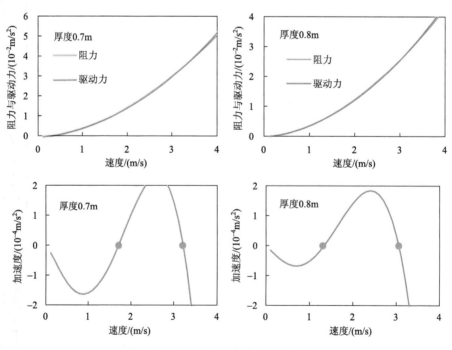

图 3-27　不同异重流高度下的动力机制

3.3.5　动力关系在小浪底库区的应用

选用 2020 年 8 月 10 日的测量数据以及同期 8 月 18 日的测量数据进行验证。如图 3-28 所示，库区的坝前地形由缓坡段与陡坡段组成。

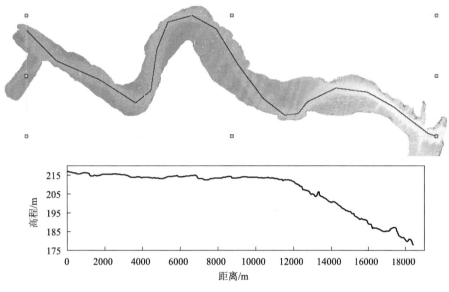

图 3-28　小浪底库区实测地形图

2020 年 8 月 10 日实测入库流量为 2380 m³/s，入库沙量为 30.96 kg/m³，实测出库流量为 2010 m³/s，出库沙量为 32.01 kg/m³，库水位为 223.55 m。较大的输入条件十分利于异重流的形成，水库较大的输沙量也说明了异重流持续运行到坝前并保持较强的动力特点。实测流速含沙量剖面表明，当日潜入点位于坡度突变处 10 km 左右范围时，稳定潜入后的异重流代表流速为 1.1 m/s，异重流代表高度为 0.9 m，对比上述图 3-26 可以发现，具有该动力背景的异重流在缓坡段属于持续加速的范围，因此可以有效到达陡坡顶点，并沿陡坡持续加速，形成强劲异重流过程，这与观测结果具有较好的一致性。

2020 年 8 月 18 日实测入库流量为 4710 m³/s，入库沙量为 20.35 kg/m³，实测出库流量为 1860 m³/s，出库沙量为 11.30 kg/m³，库水位为 229.53 m。实测流速含沙量剖面表示，当日潜入点位于坡度突变处 7 km 左右的范围时，稳定潜入后的异重流代表流速为 0.9 m/s，异重流代表高度为 0.8 m，随后持续减速至陡坡段附近，异重流代表流速为 0.2 m/s，随后加速，并由于出流条件限制，在陡坡段末端呈现减速。

对比上述图 3-27 可以发现，具有该动力背景的异重流在缓坡段处于持续减速的范围。通常而言，可以根据初始减速与终止流速以及各个流速对应的加速度计算出相应的运行距离，图 3-29 展示了初始速度分别为 0.5 m/s、0.6 m/s、0.7 m/s、0.8 m/s、0.9 m/s、1.0 m/s 以及 1.1 m/s 对应的不同终止速度的运行距离。当初始流速为 0.9 m/s，终止流速为 0.2 m/s 时，其运行距离在 6～7km，这与观测结果具有较好的一致性。

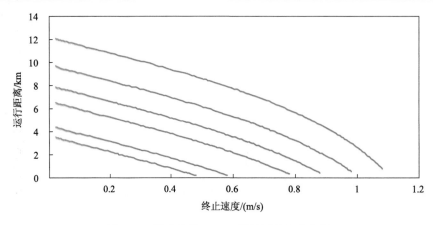

图 3-29　异重流的 RANS 模拟泥沙浓度结果

3.4　异重流极限排沙状态和前期滞留层对后续异重流的影响

异重流具有较大的排沙潜力，在真实的水库调度中，往往希望通过合理操作来最大化异重流的排沙效率。盘踞在水库坝前蜿蜒水下河道的形成原因尚不明确，但其所反应明显的冲刷现象与异重流的极限排沙状态具有较强的因果关系，可以认为，水下河道的形成代表着异重流具有较大的排沙潜力，因此在给定条件下异重流具有极限排沙状态。异重流的极限排沙状态与坝前水位和库区可侵蚀泥沙总量具有较强的关系，因此需要给出合理的水库调度依据，比较常用的手段是控制水库的水位来控制异重流潜入发生的地点，达到高效冲刷的理想情况。同时也需要探究早发异重流事件对后续异重流事件的影响，基本上认为早期成功发育的异重流将会增加河床可侵蚀厚度(前期滞留层)，对后续异重流的发展起促进作用。

3.4.1　异重流极限排沙状态

1. 排沙状态与输入浓度的关系

在给定地形条件下，当输入流量恒定不变时，异重流的有效排沙量(稳定输出泥沙通量-稳定输入泥沙通量)是否随着输入含沙量的增加而增加呢？这是需要回答的问题。考虑到实际工程的需要，选用小浪底真实的地形设置(斜坡段+缓坡段)，并假设均匀入流状态，通过改变不同的输入泥沙含量来对比分析其与有效排沙量的关系。数值试验地形如图 3-30 所示，采用的输入体积比含沙量从小到大分别为 0.01、0.015、0.02、0.025、0.03、0.035、0.04、0.045、0.05 以及 0.06。

不同泥沙输入对应的潜入水深不同，这里首先将模型计算的潜入水深与由小浪底实测潜入点信息拟合出的经验公式进行对比。如图 3-31 所示，模拟潜入水深与经验潜入水深拟合较好，都呈现了输入含沙量增大，潜入水深减少，潜入点向上游移动。

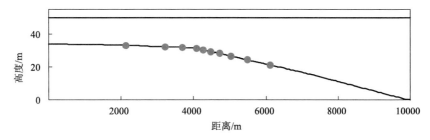

图 3-30　数值模拟地形设置以及潜入点位置

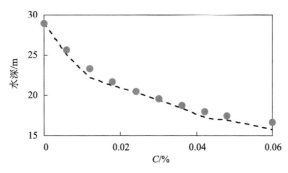

图 3-31　潜入水深的对比

点：模拟值，虚线：经验值

　　同时也对比了不同泥沙输入对应的潜入点的 Fr。Fr 是重要的水动力参数，表明急流和缓流的分界。众多研究表明，异重流潜入点处的 Fr 约为 0.5。这里将模型计算的潜入点 Fr 与由小浪底实测潜入点 Fr 拟合出的经验公式进行对比。如图 3-32 所示，模拟潜入点 Fr 与经验潜入点 Fr 拟合较好，但随着泥沙量的增加，模拟值出现了比较明显的偏差。

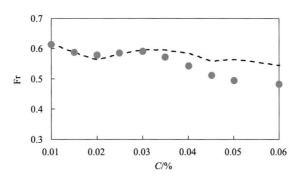

图 3-32　潜入点 Fr 的对比

点：模拟值，虚线：经验值

　　潜入水深和 Fr 的对比进一步说明了模型对小浪底库区的实用性及有效性，下文给出了不同浓度下统计进口段泥沙输入通量，出口段泥沙输出通量，以及底部边界通过侵蚀和沉降过程带来的泥沙补充通量随时间的变化过程。如图 3-33 所示，这里考虑的进口段

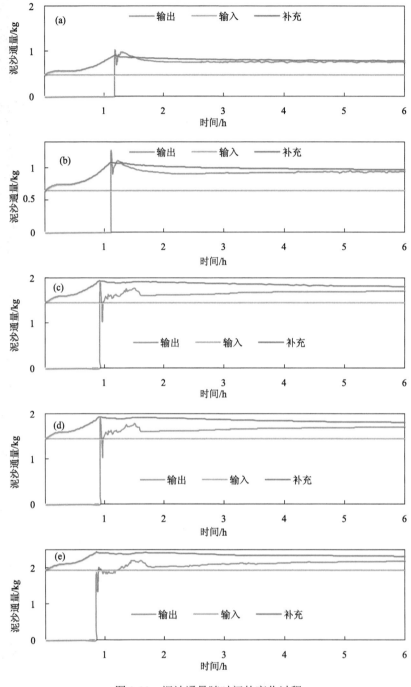

图 3-33　泥沙通量随时间的变化过程

泥沙输入保持稳定,因此其不随时间演进发生变化。而出口段只有当异重流运行到出口部位才开始排出泥沙,因此泥沙输出通量先为零,后续因为异重流头部的强劲动力带来的输出通量小范围增加,随后受到出口边界的调节作用呈现小范围的减小及调节,最后达到长时间的平衡状态。底部泥沙通量则一直处于增加状态，这是由于采用无限制冲刷条件，并且考虑到模拟的时空尺度不大，因此采用这种假设是合理的，同时可以发现，异重流的底部补给通量随时间有减小趋势，这对应着异重流的平衡饱和输沙状态（不冲不淤状态）。

将异重流近似稳定状态的输出通量减去输入通量，得到有效排沙通量。图 3-34 展示了不同算例之间的有效排沙通量，可以发现，有效排沙通量并不是随着输入泥沙浓度增大而增加的，而是具有峰值。这个峰值正对应异重流潜入点在斜坡段的开始处（图 3-34 红色箭头位置处），而这里对应的泥沙输入量并非最大泥沙输入量。

通过上述讨论可以说明，在给定地形的情况下（尤其指小浪底库区的斜坡段以及缓坡段组合地形），异重流的有效排沙并非随着输入泥沙量的增加而增加，而是存在一定的阈值，该阈值正对应在斜坡突变点潜入的临界状态。换句话说，无须通过过分要求上游的泥沙释放量，即上游三门峡水库的泥沙释放量，而只需要求在当前控制水沙输入条件，调节异重流的潜入特性，控制异重流在近坝段斜坡地形开始处潜入。上述结果从泥沙输入含量角度说明了异重流极限排沙状态与潜入点的空间位置分布的相对关系，给水库调度分析提供了可行性依据。

需要说明的是，虽然可以根据经验关系得到潜入点处的水深值与潜入点的流量以及潜入点的含沙量之间的关系，但是并不知道如何将潜入点附近的水沙特性和真实的水库输入条件结合到一起，因此，在应用上述分析时，还需要建立上游三门峡水库出流条件与潜入点条件之间的关系，这种关系通常是基于明渠挟沙公式或者河道数值模拟得到的。

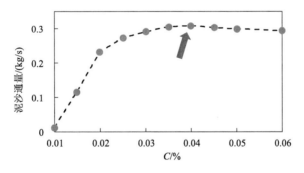

图 3-34　有效泥沙通量随输入浓度的变化

2. 排沙状态与坝前水位的关系

在水库的实际调度中，调整坝前水位是一个常用的手段。当水库地形、输入流量以及输入含沙量给定时，什么水位可以生成异重流，同时什么水位可以最大化异重流的排沙状态，是我们关心的问题。下文固定输入输出边界条件，只改变水库的水深状态，所得结果如图 3-35 所示。

当改变水深时，库区会呈现不同的水力状态。考虑极限情况，当水位增加至无穷时，地形带来的效应忽略不计，那么对应的库区不复存在，水流呈现明渠流动情况，符合明渠挟沙力的计算范畴；同时，水位减小至极限时，库区呈现溯源冲刷状态。上述两种情况均不符合本章所讨论的异重流含义。因此可能在一定水深可变范围限制下，排沙状态的极限情况才有意义(异重流输沙范畴下)。数值计算结果表明，只有控制异重流的潜入位置在斜坡段开始的范围内，才能达到异重流的极限排沙状态。

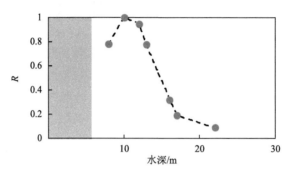

图 3-35　相对排沙比随输入水深的变化

3.4.2　前期滞留层对后续异重流的影响

前期滞留层主要指先发异重流未顺利排出坝体的部分，这一部分泥沙逐渐沉积到河床上，相当于增加了河床的可侵蚀泥沙的量，更有利于后续异重流过程的形成与发展，与此同时，浑水异重流与前期滞留层的相互作用对异重流的发展过程的影响尚不明晰，因此，主要采用水槽实验研究前期滞留层对后续异重流过程的具体影响。

1. 连续组次异重流水槽试验

浑水异重流槽宽突变的水槽试验在水利部黄河泥沙重点实验室的自动调坡循环水槽内进行，水槽长度为 40 m，有效段长度为 36 m，槽宽为 60 cm，深 40 cm，如图 3-36 所示。在实验过程中，在给定位置放置照相装置来记录异重流与前期滞留层相互作用过程。

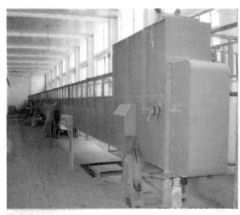

图 3-36　水槽全景图

水槽坡度通过电动机驱动涡轮和涡杆调节，调节的坡度范围为 0.5‰～15‰，精确度达 0.5‰。采用电磁流量计控制进入水槽流量，并通过闸板插拔的方式控制水流从水槽底部加入，以直接形成异重流。出口通过调整固定闸板配合试验。

根据水槽比降、进口流量与含沙量等条件共安排了 6 组试验，模拟了不同时间间隔的多场次异重流与前期浑水层之间的作用与影响，其中每一组又依次施放了多次浑水异重流叠加过程，试验组次水沙与边界条件见表 3-1。

表 3-1　试验组次设置

组次(J-i)	Q/(L/s)	S/(kg/m³)	初始比降 J/‰
1-1	0.20	200	
1-2	0.08	200	
1-3	0.18	200	5
1-4	0.30	300	
1-5	0.60	300	
2-1	0.18	100	
2-2	0.60	100	5
2-3	0.30	100	
3-1	0.06	250	
3-2	0.18	250	5
3-3	0.18	250	
4-1	0.30	300	
4-2	0.20	300	25
4-3	0.45	300	
5-1	0.35	300	10
5-2	0.45	300	
6-1	0.35	350	
6-2	0.50	300	10
6-3	0.35	350	
6-4	0.35	180	

注：表中 Q 和 S 分别表示进口流量和进口含沙量。

表 3-1 中 J 为试验组数，i 为某组试验施放浑水形成异重流的叠加次数。试验组数 1 的地形相同，输入流量与含沙量不同，但是总体生成异重流的动力是先减小后增大的。这样就可以形成强动力输入异重流排出水槽，弱动力输入异重流在水体沉积形成前期滞留层。同时，各组次的异重流密度也不同，这就造成了后续异重流在前期滞留层上的不同发展方式。因此，上述试验设置可以达到研究异重流与前期滞留层相互作用目的的要求。

试验用沙颗粒级配曲线如图 3-37 所示，并按试验要求配制各种不同含沙量浑水备用。

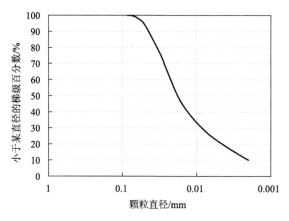

图 3-37　试验用沙颗粒级配曲线

将玻璃水槽比降调至控制值，并在水槽中充满清水，提前在搅拌池中配置一定含沙量的浑水。试验开始后施放拟定的浑水过程，形成异重流过程，关闭尾门后在水槽底部形成浑水层。根据试验要求静置 2～24h 不等历时，浑水层悬沙产生沉降、絮凝、淤积，形成含沙量不同的滞留层。在此基础上，再叠加施放一次浑水异重流过程。由于前后两场异重流过程的时间间隔不同，异重流与前期滞留层之间的相互作用表现出不同的流动现象。

由浑水沉降特性可知，不同含沙量的浑水沉降后，沿垂线方向存在密度梯度，历时越短，梯度越大，历时越长，梯度越小。浑水层越薄，沉降越均匀；浑水层越厚，沉降越不均匀。前期施放的异重流所形成的浑水层，由于初始含沙量与沉降历时不同，其含沙量与垂向分布均不同。后续异重流的浑水容重或大于，或小于，或等于前期滞留层容重，或等于前期滞留层中某一层的容重。另外，由于泥沙沿程的分选作用，其前期滞留层上下游粒径分布不同，容重也存在差别，而且后期异重流在运动过程中含沙量也会不断调整，同一组次试验过程，沿程也会出现容重大于或小于前期滞留层容重的情况，导致同一场次洪水在上下游不同部位水流现象也不同。

在 1-1 组次所形成的浑水水库基础上，依次叠加了 1-2、1-3、1-4 和 1-5 组次试验。1-1 组次为第 1 试验组中的首次试验，初始地形为原始槽底。该组次流量 Q=0.20 L/s，含沙量 S=200 kg/m³，水槽比降为 5‰，进口闸门开度 H = 2 mm，施放浑水持续时间控制在 64 s 左右，异重流头部运行距离 10.2 m（平均速度约 0.159 m/s）时关闭进口闸门，226 s 后异重流头部运行 26.3 m 到达尾门（平均速度约 0.115 m/s），尾门反射波运行了 3.06 m 后消失，形成浑水层。

2. 侵入型及界面型现象

当后续洪水浑水容重大于前期滞留层容重时，头部流速最大点以下厚度与前期滞留层厚度接近，异重流鼻端嵌入前期滞留层表层，后续洪水在破坏前期滞留层的基础上形成异重流，例如 1-2、1-3 两组次，虽然初始含沙量相同，但由于进入水槽的流量不同，与清水掺混程度不同，形成异重流的含沙量也不同，试验过程中在不同槽段出现的现象（图 3-38）在下文中均称为侵入型异重流。

图 3-38　后期洪水形成异重流以侵入型在前期滞留层中运动

当后续异重流浑水容重小于前期滞留层容重时，异重流在前期滞留层表层滚动，基本不与前期滞留层有掺混。例如 3-2、3-3 等组次，如图 3-39 所示。下文均称之为界面型异重流。

图 3-39　后期洪水形成异重流在前期淤积物表面以界面型运动

表 3-2 给出了不同试验组次的异重流与前期滞留层的作用模式。一般情况下，来水能量较大，而前期浑水层含沙量较低、体积较小时，容易发生侵入型异重流；来水能量小，而前期浑水层含沙量较高、体积较大时，容易发生界面型异重流。

表 3-2 试验现象描述

试验组次	观测范围/m	试验条件(Q-S-J)	头部运动现象描述
1-1	0.0~36.0	0.20-200-5	界面型
1-2	0.0~18.4	0.08-200-5	界面型
	18.4~36.0		侵入型
1-3	0.0~4.8	0.18-200-5	界面型
	4.8~16.6		侵入型
	16.6~36.0		界面型
1-4	0.0~36.0	0.30-300-5	界面型
1-5	0.0~36.0	0.60-300-5	侵入型
2-1	0.0~24.0	0.18-100-5	界面型
2-2	0.0~36.0	0.60-100-5	侵入型
2-3	0.0~36.0	0.30-100-5	侵入型
3-1	0.0~36.0	0.06-210-5	界面型
3-2	0.0~36.0	0.18-250-5	界面型
3-3	0.0~36.0	0.18-250-5	界面型
4-1	0.0~36.0	0.30-300-25	界面型
4-2	0.0~1.0	0.20-300-25	侵入型
	1.0~36.0		界面型
4-3	0.0~16.5	0.45-300-25	侵入型
	16.5~36.0		界面型
5-1	0.0~36.0	0.35-300-10	界面型
5-2	0.0~2.0	0.45-300-10	侵入型
6-1	0.0~36.0	0.35-350-10	界面型
6-2	0.0~36.0	0.50-300-10	界面型
6-3	0.0~36.0	0.35-350-10	界面型
6-4	0.0~36.0	0.35-180-10	界面型

注：表中 Q、S、J 分别表示进口流量(L/s)、含沙量(kg/m^3)、水槽比降(‰)。

3. 前期滞留层对后续异重流的响应

前期滞留层在遭遇后续洪水时，此期间的时间间隔和前期滞留层泥沙颗粒级配、含沙量大小等因素影响水流的流变特性，最终影响滞留层的形成。在水流作用下，浮泥悬移运动主要经过以下三个阶段。

第一阶段：流速达到一定数值后，受水流剪切力作用，泥面上出现波动。

第二阶段：当流速超过某一数值后，泥面随水流的运动向前推移形成浮泥流。浮泥流也是一种不稳定的过渡层，其厚度一般为 10 cm 左右，输移速度低于邻近的上层水体。

第三阶段：随着流速的进一步加大，底部紊动强度增大，泥面波卷曲破碎，浮泥扬起混入上层水流，形成较高含沙量的浑浊带做悬移运动。

相同来沙条件下，前期滞留层根据历时长短可分为初期浑水层、中期浑水层和后期浑水层，初期浑水层容易形成滞留层，中期淤积物不易具备滞留层特征，后期淤积物很难具备滞留层特征。当前期异重流形成浑水水库时间较长时，浑水水库沉降、浓缩成为浮泥层，一定条件下转化为非牛顿体。后续挟沙洪水形成异重流，当后续洪水异重流具有的水流剪切力大于前期滞留层宾汉切应力时，异重流侵入前期滞留层；当后续洪水异重流具有的水流剪切力小于前期滞留层宾汉切应力时，后续洪水异重流以界面型在前期滞留层表面运动；当后续洪水异重流具有的水流剪切力接近前期滞留层宾汉切应力时，后续洪水异重流处于侵入前期滞留层的过渡状态。

由此可知，前期洪水形成滞留层后，后续洪水发生的时间间隔越短，滞留层越容易起动，间隔时间越长，滞留层越不容易起动。要使水库滞留层容易起动，利用塑造的后续洪水高效输沙，就要尽量避免后续洪水间隔时间过长。前期滞留层运动需要巨大能量，需要后续洪水提供，保证后续洪水的量级和时机，这是个关键的问题。

3.5　小　　结

为了阐明水库异重流持续运移的动力学机制及临界条件，本章从原型观测、水槽实验、理论分析以及数值模拟这四个方面进行研究，并对相应问题给予了回答，总结如下。

(1)异重流原型观测表明，潜入点前后水流会发生从明渠流动到沿底坡流动的突然转变，在水面上大量漂浮物聚集，并且伴有明显清浑分界现象；在异重流沿底坡运动过程中，会明显冲刷河床；伴随着泥沙含量增大，异重流呈现明显加速现象；坝前具有和天然河道相似形状的水下河道的形成原因是汛期频繁的异重流现象。

(2)基于 URANS 模式建立了垂向二维水动力立面模型，成功复现了水槽异重流试验以及小浪底原型异重流过程；模型解析了清浑交界面上的湍流结构，频繁出现的 KH 不稳定现象以及相应的涡结构由于具有相同的沿下游传播速度，在空间和时间上具有一定的周期性分布特征；模型采用的泥沙侵蚀率公式表明在异重流流速越大、泥沙颗粒越细、泥沙沉速越小、异重流厚度越小的情况下，泥沙颗粒更易起动，并且具有群体起动的最大值(侵蚀率阈值)；模型采用的摩阻流速计算公式表明流速的对数分布能成功表达异重流的阻力关系。

(3)异重流动力关系理论分析表明，阻力机制与动力机制相互制约，异重流存在三个平衡点，分别是静止态、点火态和平衡态；结合小浪底库区实际地形，对于缓坡阶段，三个平衡点区分明显，而斜坡段则是在较小的初始流速下便可以达到点火态，并且不存在平衡态。

(4)异重流的排沙状态与潜入点关系密切，应当控制异重流在水下河道起点处潜入，此时对应异重流极限排沙状态；异重流或侵入或沿前期滞留层表面运动，前期滞留层的存在有利于异重流的加速冲刷过程。

第4章 水库最优淤积形态及其对泥沙动态调控的响应

水库淤积形态是影响库容分布、水库高效排沙的一项重要因素。淤积形态与水库自身特点、入库水沙条件以及水库运用方式等因素有关，而淤积形态也会进一步影响水库输沙流态等，进而影响水库设计功能的有效发挥。因此，深入掌握水库淤积形态的形成机理及其模拟方法具有重要意义，开展水库淤积形态优选及其对水沙调控的响应研究，可为水库科学调度、高效排沙提供技术支撑。

水库细颗粒淤积物的流动特性是影响水库淤积形态的一项重要因素，通过试验研究揭示了水库细颗粒淤积物的流变特性与流型特征，构建了水库细颗粒淤积物失稳滑塌流动过程的本构方程，与三维水沙输移模型相耦合建立了考虑细颗粒淤积物流动特性的水库淤积形态模拟方法，并采用实测资料进行了验证分析，在此基础上开展了典型水库不同淤积形态对泥沙动态调控的响应研究，初步明晰了有利于高效排沙的优化淤积形态，并初步探讨了维持优化淤积形态的调控方法。

4.1 水库细颗粒淤积物流变特性与流型特征

水库细颗粒淤积物的流动特性是影响水库淤积形态的一项重要因素。进行了不同密度水库细颗粒淤积物样品的流变特性试验，分析流变特性参数 τ_B（屈服应力）和 μ（黏滞系数）与密度的关系，并揭示其流型特征。

4.1.1 流变特性

通过采集小浪底水库近坝段典型淤积物样品(中值粒径约 0.01 mm)，采用数显流变仪进行不同密度条件下的细颗粒淤积物流变特性试验，在此基础上分析流变特性参数屈服应力和黏滞系数与密度之间的关系。不同密度淤积物是在一定量的细颗粒泥沙样品中加入适当水体，配备并搅拌均匀而成，密度在 $1.08\sim1.35$ kg/m^3，总共进行 7 种不同密度的试验，随后点绘流变特性参数与密度的关系，如图 4-1 和图 4-2 所示。由图 4-1 和图 4-2 可见，水库细颗粒淤积物的屈服应力和黏滞系数随淤泥密度的不同而发生变化，当密度较小时，流变参数随密度的变化较缓，当密度较大时，流变参数随密度的变化较快，中间存在从缓变到急变的转化过程。由研究结果可看出，当密度大于 1.20 kg/m^3 后，流变参数随密度的变化速率都快速增大。因此可认为当淤积物密度大于 1.20 kg/m^3 后，淤积物的流动性已快速减弱，将不易流动。

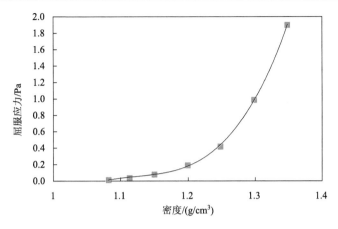

图 4-1　淤积物屈服应力与密度之间的关系

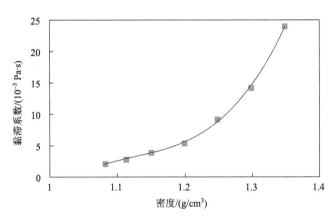

图 4-2　黏滞系数与密度之间的关系

表征细颗粒淤积物流变特性的参数 τ_B 和 μ 可表示为

$$\tau_B = c_1 C_v^{c_2} \tag{4-1}$$

$$\mu = \mu_w \left(1 + c_3 C_v^{c_4}\right) \tag{4-2}$$

式中，$C_v = (\rho_m - \rho)/(\rho_s - \rho)$，为细颗粒淤积物的体积含沙量，$\rho_m$ 和 ρ 分别为细颗粒淤积物和水体的密度，ρ_s 为泥沙容重；μ_w 为清水黏度；c_1、c_2、c_3 和 c_4 为四项参数，根据本研究试验数据率定，四项参数可分别取值 660、3.7、220 和 1.6。

4.1.2　流型特征

为分析水库细颗粒淤积物的流型特征，分别对不同密度(包括 1082 kg/m³、1112 kg/m³、1150 kg/m³ 三种密度)的淤积物样品，在不同转速(剪切速度)下的黏滞系数进行了试验分析。研究结果如图 4-3 所示，由图 4-3 可见，随着密度的增加，黏滞系数逐渐增加；黏滞系数随转速(剪切速度)的变化较小，随着转速的增加，黏滞系数略有减小，但在 6～60 r/min 的转速范围内其变化值一般在 5%以内，可基本认为在同一密度条件下黏滞系数接近一定值。密度较小的水库细颗粒淤积物在克服自身屈服应力后，即可发生流动，其黏滞系数随剪切速度的变化较小或基本不变，由此可认为尚未密实的低密度水库细颗粒淤积物为典型宾汉型流体。

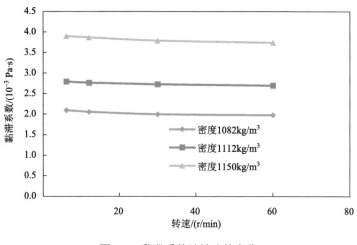

图 4-3 黏滞系数随转速的变化

4.2 考虑细颗粒淤积物失稳滑塌流动的水库淤积形态

数值模拟方法

由前述分析可知，尚未密实的水库细颗粒淤积物为典型宾汉型流体，在克服屈服应力后即可发生流动，这对水库淤积形态产生相应影响。因此，对于由细颗粒泥沙特征决定的水库淤积形态而言，除了考虑传统水沙输移过程外，还需对已落淤的细颗粒淤积物自身流动过程进行模拟分析。本节将结合细颗粒淤积物的流变特性，对考虑细颗粒淤积物流动的水库淤积形态数值模拟方法进行探讨。

4.2.1 细颗粒淤积物失稳滑塌流动模式

前述分析表明沉积历时较短的水库细颗粒淤积物属于典型宾汉型流体。其运动之前需克服自身屈服应力，本节采用临界坡度作为细颗粒淤积物失稳流动的判别标准；通过引入水、淤积物、床面之间的界面受力分析，建立细颗粒淤积物失稳流动模式，描述其失稳后的流动及其泥沙重新分配过程。

1. 失稳滑塌流动判别

细颗粒淤积物具有一定坡度 J_c，则在 $J > J_c$ 时（$J_c = \tau_B / \gamma_s \Delta z$，$\tau_B$ 为屈服应力，γ_s、Δz 分别为细颗粒淤积物的容重和厚度），淤积物以其自重就可以沿着坡度方向运动。不同容重的细颗粒淤积物具有不同的屈服应力，本节根据前述试验分析建立的细颗粒淤积物屈服应力的计算公式[式(4-1)]进行失稳判别，即首先计算地形坡降 J，再根据时段内落淤细颗粒淤积物的厚度 Δz 以及 τ_B 和 γ_s 来计算其临界坡度 J_c，地形坡降大于临界坡降时 $(J>J_c)$，即可判断细颗粒淤积物发生失稳流动，失稳后的流动及其泥沙重新分配过程由下文的流动方程控制。

2. 流动方程

细颗粒淤积物失稳流动后，由于其厚度相对小，流动过程具有近似平面水流的性质，流场特性在深度方向的变化量远小于平面方向的变化量，通过沿深度平均简化可得细颗粒淤积物流动方程组。

连续方程：

$$\frac{\partial Z}{\partial t} + \frac{\partial M}{\partial x} + \frac{\partial N}{\partial y} = q \tag{4-3}$$

引入水、淤积物、床面之间的界面受力分析，且忽略扩散项时，下部细颗粒淤积运动方程可表示为

$$\frac{\partial M}{\partial t} + \frac{\partial uM}{\partial x} + \frac{\partial vM}{\partial y} = -gh\frac{\partial Z}{\partial x} - \frac{1}{\rho_m}(\tau_{m,bx} - \tau_{m,sx}) \tag{4-4}$$

$$\frac{\partial N}{\partial t} + \frac{\partial uN}{\partial x} + \frac{\partial vN}{\partial y} = -gh\frac{\partial Z}{\partial y} - \frac{1}{\rho_m}(\tau_{m,by} - \tau_{m,sy}) \tag{4-5}$$

式中，Z 为细颗粒淤积物表面高程；$M=uh$；$N=vh$；h 为细颗粒淤积物厚度；u、v 分别为细颗粒淤积物在 x、y 方向的流动速度；ρ_m 为细颗粒淤积物密度；q 为单位面积上细颗粒淤积物的源汇强度，由各单元格失稳判别后计算得到，即 $q=(\Delta z-\Delta z_c)/\mathrm{d}t$，$\Delta z_c$ 为可停留的临界厚度 $(\Delta z_c=\tau_B/J_c\gamma_s)$；$g$ 为有效重力加速度；$\tau_{m,bx}$ 和 $\tau_{m,by}$ 分别为细颗粒淤积物和下部床面间切应力在 x、y 方向的分量；$\tau_{m,sx}$ 和 $\tau_{m,sy}$ 分别为细颗粒淤积物和上部水体间切应力在 x、y 方向的分量。上述细颗粒淤积物与下部床面以及上部水体之间的切应力由以下公式计算(杨小宸，2014)：

$$\begin{pmatrix} \tau_{m,bx} \\ \tau_{m,by} \end{pmatrix} = \begin{pmatrix} u \\ v \end{pmatrix} \frac{f_m\rho_m}{8}\sqrt{u^2+v^2} \tag{4-6}$$

$$\begin{pmatrix} \tau_{m,sx} \\ \tau_{m,sy} \end{pmatrix} = \begin{pmatrix} u_f-u \\ v_f-v \end{pmatrix} \frac{f_s\rho_f}{8}\sqrt{(u_f-u)^2+(v_f-v)^2} \tag{4-7}$$

式中，u_f 和 v_f 为淤积物上部水体的流速在 x、y 方向的分量；ρ_f 和 ρ_m 分别为上部水体和细颗粒淤积物的密度；f_s 和 f_m 分别为细颗粒淤积物与上层水体和下部床面之间的摩阻系数。

细颗粒淤积物与底部床面间的摩阻系数的合理确定是描述淤积物流动过程的一项关键参数。在近似假定剪切流动区切应力分布与明渠均匀层流动区切应力分布相等的基础上，可推求细颗粒淤积物与底部床面间摩擦系数的表达式，当流变参数取为宾

汉流体黏滞系数 μ 且指数为 1 时，为宾厄姆流体，可获得宾汉体摩阻系数计算公式（杨小宸，2014）：

$$f_{\mathrm{m}} = \frac{24\mu}{\rho_{\mathrm{m}} u_{\mathrm{m}} h\left(1 + \dfrac{N_{\mathrm{e}}}{2}\right)\left(1 - N_{\mathrm{e}}\right)^2} = \frac{24}{\mathrm{Re}_{\mathrm{B}}\left(1 - \dfrac{3N_{\mathrm{e}}}{2} + \dfrac{N_{\mathrm{e}}^3}{2}\right)} \tag{4-8}$$

式中，f_{m} 为摩阻系数，N_{e} 为底部切应力与屈服应力的比值，Re_{B} 为宾汉雷诺数。

通过引入摩阻系数 f_{m} 与底部切应力的关系，可建立摩阻系数与综合阻力系数 n 的关系：

$$\frac{f_{\mathrm{m}}}{8g} = \frac{n^2}{h^{\frac{1}{3}}} \tag{4-9}$$

4.2.2　水沙运动方程

天然河流水库水沙变量三维特征显著，因此最符合实际的描述模式也应是三维的，建立的三维水沙动力学模型将泥沙按粒径大小进行分组，采用非平衡输沙模式。

1. 水流运动方程

三维水流模型采用各向同性不可压缩流体雷诺方程组，用标准 $k\text{-}\varepsilon$ 模型来计算紊动黏滞系数。笛卡儿坐标下的水流基本方程组可写成如下统一形式：

$$\frac{\partial}{\partial t}(\varphi) + \frac{\partial}{\partial x_i}(u_i \varphi) = \frac{\partial}{\partial x_i}\left(\Gamma_{\mathrm{e}} \frac{\partial \varphi}{\partial x_i}\right) + S \tag{4-10}$$

式 (4-10) 中对于不同方程的变量表达见表 4-1。

表 4-1　统一形式中各方程的变量

方程	Γ_{e}	S
连续	0	0
x 动量	ν_{e}	$-\dfrac{1}{\rho_0}\dfrac{\partial p}{\partial x} + \dfrac{\partial}{\partial x}\left(\nu_{\mathrm{e}}\dfrac{\partial u}{\partial x}\right) + \dfrac{\partial}{\partial y}\left(\nu_{\mathrm{e}}\dfrac{\partial v}{\partial x}\right) + \dfrac{\partial}{\partial z}\left(\nu_{\mathrm{e}}\dfrac{\partial w}{\partial x}\right)$
y 动量	ν_{e}	$-\dfrac{1}{\rho_0}\dfrac{\partial p}{\partial y} + \dfrac{\partial}{\partial x}\left(\nu_{\mathrm{e}}\dfrac{\partial u}{\partial y}\right) + \dfrac{\partial}{\partial y}\left(\nu_{\mathrm{e}}\dfrac{\partial v}{\partial y}\right) + \dfrac{\partial}{\partial z}\left(\nu_{\mathrm{e}}\dfrac{\partial w}{\partial y}\right)$
z 动量	ν_{e}	$-\dfrac{\rho}{\rho_0}g - \dfrac{1}{\rho_0}\dfrac{\partial p}{\partial z} + \dfrac{\partial}{\partial x}\left(\nu_{\mathrm{e}}\dfrac{\partial u}{\partial z}\right) + \dfrac{\partial}{\partial y}\left(\nu_{\mathrm{e}}\dfrac{\partial v}{\partial z}\right) + \dfrac{\partial}{\partial z}\left(\nu_{\mathrm{e}}\dfrac{\partial w}{\partial z}\right)$
k 方程	$\nu + \dfrac{\nu_t}{\sigma_k}$	$G - \varepsilon$
ε 方程	$\nu + \dfrac{\nu_t}{\sigma_\varepsilon}$	$\dfrac{\varepsilon}{k}(c_1 G - c_2 \varepsilon)$

表 4-1 中，u、v、w 为沿 x、y、z 方向的流速；ρ_0、ρ 分别为清水密度（参考密度）和含沙水流混合流体的平均密度（由含沙量与密度的关系确定）；g 为重力加速度；p 为总压

强；v_e 为有效黏滞系数：$v_e = v + v_t$；v 为水流黏滞系数；v_t 为紊动黏滞系数：$v_t = C_\mu k^2 / \varepsilon$，$k$ 为湍流动能，ε 为湍流动能耗散率；G 为湍流动能产生项；湍流常数：$C_\mu = 0.09$，$C_1 = 1.44$，$C_2 = 1.92$，$\sigma_k = 1.0$，$\sigma_\varepsilon = 1.3$。

2. 泥沙运动方程

三维非均匀悬沙输移方程在笛卡儿坐标系下可表示为

$$\frac{\partial S_k}{\partial t} + \frac{\partial}{\partial x}(u S_k) + \frac{\partial}{\partial y}(v S_k) + \frac{\partial}{\partial z}(w S_k)$$
$$= \frac{\partial}{\partial x}\left(\varepsilon_s \frac{\partial S_k}{\partial x}\right) + \frac{\partial}{\partial y}\left(\varepsilon_s \frac{\partial S_k}{\partial y}\right) + \frac{\partial}{\partial z}\left(\varepsilon_s \frac{\partial S_k}{\partial z}\right) + \frac{\partial}{\partial z}(\omega_{sk} S_k) \tag{4-11}$$

式中，S_k 为第 k 组含沙量；ω_{sk} 为相应的泥沙沉速，由根据阻力叠加原则得到的统一公式进行计算；ε_s 为泥沙扩散系数，$\varepsilon_s = v + v_t / \sigma_s$，$\sigma_s$ 为施密特数。

3. 河床冲淤变形方程

河床变形方程根据网格内泥沙通量守恒来确定，即

$$\gamma_s' \frac{\partial Z_b}{\partial t} + \frac{\partial q_{Tx}}{\partial x} + \frac{\partial q_{Ty}}{\partial y} = 0 \tag{4-12}$$

式中，Z_b 为床面高程；γ_s' 为泥沙干容重；q_{Tx} 和 q_{Ty} 分别为通过沿水深积分得到的沿 x 和 y 方向的总的泥沙通量。

$$q_{Tx} = \sum_{k=1}^{ns} \int_a^h \left(u s_k - \frac{v_t}{\sigma_c} \frac{\partial s_k}{\partial x}\right) dz + \sum_{k=ns+1}^{n} \alpha_{bx} q_{bk} \tag{4-13}$$

$$q_{Ty} = \sum_{k=1}^{ns} \int_a^h \left(v s_k - \frac{v_t}{\sigma_c} \frac{\partial s_k}{\partial y}\right) dz + \sum_{k=ns+1}^{n} \alpha_{by} q_{bk} \tag{4-14}$$

4.2.3　数值求解方法

三维水沙模型采用非正交曲线网格建立，并采用控制体积法进行离散求解，采用动量插值与同位网格相结合的 SIMPLEC 算法求解离散方程组。数值模拟过程中，首先给定各变量初值，采用三维水沙模型计算该时刻流场、水位等水流信息；然后依据水流流场结果计算泥沙输移；在此基础上计算河床冲淤变形。

与三维水沙输移模型一致，细颗粒淤积物流动方程基于有限体积法进行离散，该方法具有质量守恒的优点，采用 SIMPLEC 算法进行模型求解。

考虑细颗粒淤积物流动特性水库淤积形态的求解思路是通过水沙输移计算，模拟水库冲淤分布，在此基础上对细颗粒淤积物自身流动特性加以模拟，获得淤积物的重新分布，在此基础上再次求解水沙输移，如此循环直至求解结束。考虑细颗粒淤积物流动特性的水库淤积形态数值模型的具体求解过程如下。

（1）首先采用三维水沙输移模型计算水流、泥沙运动信息，获得水库泥沙的落淤过程及落淤厚度（Δz）分布特征。

（2）根据计算的水库淤积厚度及地形坡降，由细颗粒淤积物失稳判别模式（即 $J_c > \tau_B / \gamma_s \Delta z$）判断各单元格淤积物是否失稳流动；若失稳则计算各单元格源汇强度 q，并进入下一步[第（3）步]；若未发生失稳流动则返回前一步[第（1）步]继续计算水库泥沙冲淤过程。

（3）求解细颗粒淤积物流动方程，并通过 SIMPLEC 算法求解连续方程确定水库淤积物重新分布后的高程，返回第（2）步进行各单元格淤积物失稳判断计算。

（4）重复以上（1）～（3）步，直至水库淤积形态计算结束。

4.2.4　模型验证

本节选用 van Kessel 和 Kranenburg（1996）所做的浮泥缓坡重力流动实验对本节建立的细颗粒淤积物运动模型进行验证。

实验装置布置见图 4-4。实验水槽长 13.25 m，宽 0.5 m，高 0.72 m，水槽内设有长 8.73 m、坡度为 1∶42.6 的斜坡。斜坡顶端为搅拌池，内设旋转格栅和循环泵用于制备不同密度的泥浆（粒径 0.002 mm，高岭土）。试验过程中，水槽中充满水，泥浆与斜坡用一挡板隔开，当挡板抬高至一定高度时，泥浆以一定流量释放，并采用电磁流量计监测流量并保持流量不变。此时，泥浆在自身重力作用下向下流动，斜坡底端设有沉降池收集滑下的泥浆，通过溢流板保持水槽中水面的恒定。试验过程中，在距挡板 1.27 m（P1）处设有测点，测量流速垂向分布和密度垂向分布。

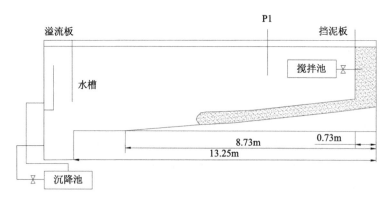

图 4-4　van Kessel 和 Kranenburg 实验布置示意图

本次计算选取浮泥密度为（1050）1200 kg/m³ 的实验对模型进行验证，实验过程中上部浮泥的流量为（7）4 L/s，挡板抬升的孔口高度为（0.07）0.05 m。

根据实验条件，建立细颗粒淤积物运动模型，分别模拟泥浆（淤积物）的流动以及由此引起的上部水流的运动情况。模型网格尺寸为 0.01 m，计算时间步长为 0.01 s。坡顶处根据实验挡板抬升高度和流量大小设置入口处浮泥厚度及流速作为边界条件，水槽出口处设置流速梯度为零的出口边界条件。

图 4-5 显示了 P1 测点处模拟结果与实测流速垂向分布的对比。密度为 1200 kg/m^3 时，因淤积物流体运动较慢，实测数据显示上部水体和淤积物层间有较为明显的分界面，淤积物的厚度约为 0.05 m，平均流速约 0.19 m/s，同时淤积物的流动也带动上部水体有了一定的流动，但流速较小。数值模拟得到 P1 测点的细颗粒淤积物厚度为 0.047 m，模拟得到的淤积物垂向平均流速约为 0.17 m/s，可见模拟结果与实测数据均较为接近。受下部细颗粒淤积物流动影响，上部水体产生剪切流动，但流速较小，呈现底部流速大、上部流速小的运动特征，可见模型可较好地模拟实验中的上、下双层异型流体的运动。

密度为 1050 kg/m^3 时，因密度较小，底部淤积物流体运动相对较快，此时实测数据显示上部水体和淤积物层间已没有明显的分界面。而数值模拟得到 P1 测点的细颗粒淤积物厚度为 0.068 m，模拟得到的淤积物垂向平均流速为 0.27 m/s，最大流速的模拟结果与实测数据接近。

由 P1 点实测的密度垂向分布可看出（图 4-6），密度为 1200 kg/m^3 时，上层水体与下层淤积物存在明显的分界面，随着密度减小至 1050 kg/m^3 时，上层水体与下层淤积物之间已不存在明显的分界面。

试验过程中上部不断加入浮泥，流量为 4 L/s，图 4-7 显示淤积物密度为 1200 kg/m^3 时，不同时刻淤积物流动过程情况可见淤积物在初始流量和重力驱动作用下沿斜坡向下滑动，当淤积物到达坡底水平段时，由于重力驱动力减小，流动会减缓，因此在坡脚处淤积物逐渐淤高。模拟结果表明，本节建立的淤积物流动模型可较合理地描述分层运动中底部淤积物沿斜坡向下流动和汇聚的过程。

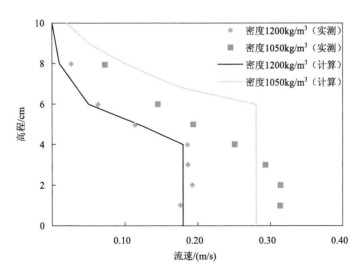

图 4-5　P1 测点流速沿垂向分布实测数据与模拟结果对比

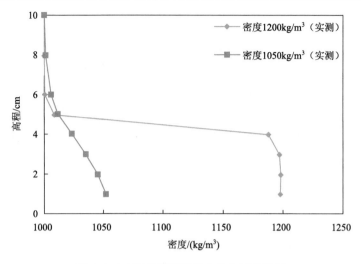

图 4-6　P1 测点密度沿垂向分布试验结果

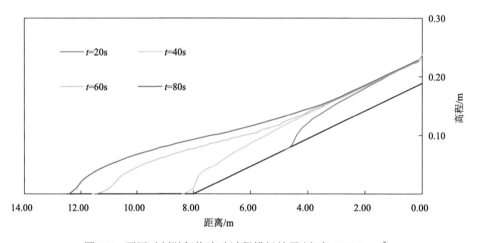

图 4-7　不同时刻淤积物流动过程模拟结果(密度 1200 kg/m³)

4.3　小浪底水库淤积形态数值模拟验证

水库泥沙淤积形态与水库自身特点(大小、地形等)、入库水沙条件以及水库运用方式等因素有关。本节以黄河小浪底水库为例,采用本研究数值模拟方法,根据实测地形资料建立数学模型,并依据实际出入库水沙条件以及水库运行调控方式作为模型计算边界,在此基础上对水库细颗粒泥沙淤积形态开展数值模拟研究。

4.3.1　小浪底水库概况

小浪底水利枢纽是一座以防洪(防凌)、减淤为主,兼顾供水、灌溉、发电,除害兴利,综合利用的枢纽工程,在黄河治理开发的总体布局中具有重要的战略地位。小浪底水库总体处于峡谷地带，平面形态狭长弯曲，汇入支流较多，大支流与干流交接处多为开阔地带，如图 4-8 所示。小浪底水库大坝距三门峡大坝 130 km，控制流域面积为 69.4 万 km²，占黄河流域面积的 92.3%，水库 275 m 高程原始库容为 127.5 亿 m³，长期有效库容为 51 亿 m³。1994 年 9 月水库主体工程开工，1997 年 10 月截流，1999 年 10 月下闸蓄水，2000 年 5 月正式投入运用。小浪底水库建成以后，库区淤积了大量泥沙，2015 年 4 月与 1999 年 9 月相比，库区累计淤积泥沙 30.49 亿 m³（断面法计算结果），约占设计拦沙库容的 42.1%。

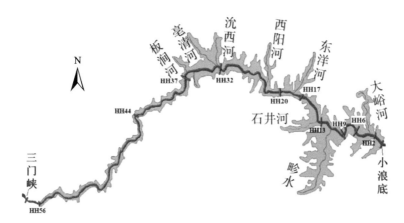

图 4-8　小浪底水库概况

4.3.2　模型计算范围及网格划分

模型计算范围上起 HH56 断面、下至小浪底水库枢纽（图 4-8），模拟黄河干流河道长约 123 km。模型采用贴体曲线非正交网格，与复杂岸线贴合良好，计算网格为 1800 ×240，平均网格尺度沿水流方向约为 70 m、沿断面方向约为 10 m，垂向网格为 13 层。

4.3.3　淤积形态响应模拟分析

模型依据小浪底水库 2010 年汛前（2010 年 4 月）实测地形建立，水库床面淤积物粒径采用沿程实测资料，采用 2010 年 4 月至 2010 年 10 月实际入库水沙条件为模型进口边界，以水库运行调控方式（出库水沙过程）作为模型出口边界，开展了小浪底水库淤积形态变化的模拟工作。挟沙力公式采用多沙河流常用的计算公式，泥沙计算时间步长为 60 s，细颗粒淤积物与上层水体之间的摩阻系数 f_s 以及细颗粒淤积物与下部床面之间的摩阻系数 f_m 分别取值 0.02 和 5，泥沙落淤后，淤积物密度取值 1080 kg/m³。

小浪底水库干流剖面形态为典型三角洲淤积形态，实测淤积形态与模拟结果对比见图 4-9，具体冲淤分布统计结果见表 4-2，可见模拟结果与实测情况基本吻合，冲淤量相对偏差一般在 15% 以内，数学模型计算结果可较好地反映小浪底水库的冲淤特征。

三角洲形态及顶点位置随着水库的运行调控而发生变化。2010 年汛前（4 月），三角洲顶点位于距坝约 24 km 附近处(图 4-9),高程约为 219.6 m。2010 年汛期,坝前水位降低运行(图 4-10),三角洲洲面发生较明显冲刷,前坡段与坝前段则出现明显泥沙淤积;2010 年汛后(10 月),三角洲顶点向下游推进到距坝约 20 km 附近处,三角洲顶点高程约为 215.6 m,较汛前高程降低约 4.0 m。

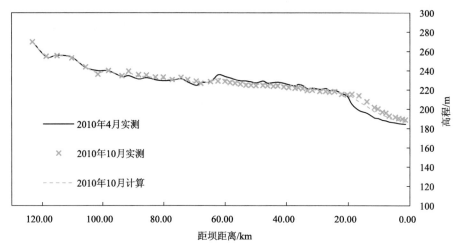

图 4-9　水库纵向淤积形态变化

表 4-2　2010 年 4 月至 2010 年 10 月干流冲淤量分布对比

项目	干流冲淤量/亿 m³		
	HH37 以上	HH37—三角洲顶点	三角洲顶点—坝前
实测	−0.11	−0.57	1.73
计算	−0.12	−0.43	1.52

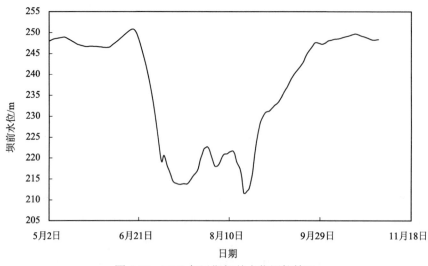

图 4-10　2010 年汛期坝前水位调控情况

　　另外，还选取水库干流典型断面对实测与计算的断面冲淤形态进行验证分析。结合图 4-9 和图 4-11 可见，水库冲淤主要发生在高程相对较低的主槽部分，水库上游段的断面(距坝距离在 22 km 以上)略有冲刷，主要发生在主槽部位，而近坝段断面(距坝距离在 20 km 以内，HH13 断面以下)则淤积相对明显，数学模型计算的断面冲淤分布与实测结果基本吻合。

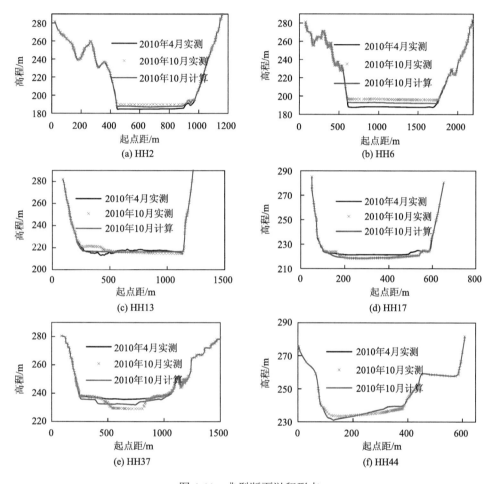

图 4-11 典型断面淤积形态

　　此外，从小浪底水库淤积物粒径分布来看，受泥沙分选作用，从库尾至坝前沿程泥沙颗粒逐渐变细(图 4-12)。相对而言，坝前 5 km 范围内的淤积物粒径较细，中值粒径基本在 0.01 mm 以下；距坝 5~20 km 范围内，淤积物中值粒径一般在 0.015 mm 以下；距坝 20~57 km 范围内，淤积物中值粒径略变粗，一般在 0.02 mm 以下；距坝 57 km 以上范围，淤积物粒径明显变粗，中值粒径由 0.02 mm 逐渐变粗为 0.25 mm 左右，有的还在 0.25 mm 以上。由此可见，水库近坝段淤积在主槽内的泥沙粒径较细，此类淤积物在密实前具有较强的流动性，平衡坡降极小，本次模拟过程考虑了细颗粒淤积物自身的失稳流动特性,因此,近坝段模拟的断面淤积形态均较为平坦(如断面 HH2、HH6、HH13、HH17),这一结果与实际观测是一致的。相对而言,50 km 以上断面(如断面 HH37、HH44)淤积物相对较粗,模拟过程中不考虑其流动特性,因此断面坡度略大(冲刷后淤积物可保持较明显的边坡),实际情况亦与此基本一致。

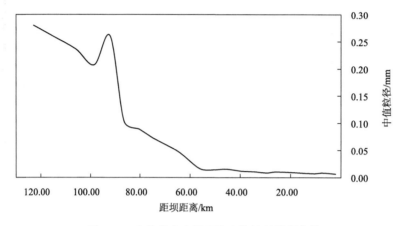

图 4-12　小浪底水库淤积物中值粒径沿程变化

4.4　小浪底水库不同淤积形态对泥沙动态调控的响应
——拦沙淤积型水库

4.4.1　水库淤积形态主要类型

　　本节所指水库淤积形态为水库纵向淤积形态,即水库沿库长方向淤积的剖面形态。它不仅反映了水库淤积分布,而且淤积体又引起库区水沙输移的再调整及再淤积。水库淤积形态外形比较复杂,但通常可概括为 3 种典型的类型,即三角洲、锥体和带状淤积体(韩其为,2003)。影响水库淤积形态的主要因素有水库运用方式、水库地形特点、入库水沙条件(包括来水量、来沙量及来沙颗粒的粗细)、水库泄流规模和方式、库容大小、库区支流汇入等。

　　三角洲淤积体的纵剖面一般分为两段,即洲面段和前坡段;在洲面段之上有时也存在一段推移质淤积段,可称为尾部段;当入库推移质很少或者推移质级配很细,与悬移质相近时,这一段就没有或者不明显存在。

　　锥体淤积体的特点是,淤积厚度自上而下沿程递增至坝前淤积厚度并达到最大,致使各年底坡逐渐变缓;而水深也是自上而下沿程均匀递增,这与淤积厚度沿程递增是一致的。

　　带状淤积体是指淤积沿程分布较均匀的情况,这种淤积分布通常并不是水库淤积的固有特性,而是由坝前水位的升降把淤积体拉得较均匀所致。

上述水库的淤积形态并不是固定的，而是可以相互转化的。三种淤积体相互转化的形式共有两类(王婷等，2013)：第一类是在水库运行规则变化不大的条件下，随着淤积的发展而产生的淤积体的转化。例如，三角洲淤积体、带状淤积体最终均转化成锥体，即水库淤积平衡时的锥体。再如，在某些少沙河流，当泥沙级配很细时，形成明显的三角洲需要一定时间，在此以前往往是带状外形。因此这类水库的淤积发展要经过带状—三角洲—锥体的转变。第二类转化发生在坝前水位大幅度变化条件下。例如，原水库形态为锥体，当坝前水位大幅度上升且变幅稳定时就能转化为三角洲和带状。事实上很多水库在施工阶段，一般采用滞洪拦沙运用方式，在近坝段泥沙快速淤积，水库干流淤积形态显然为锥体；当正式蓄水以后，随着水库运用方式的调整，淤积形态变为三角洲或带状(如小浪底水库)。再如，当坝前水位大幅度下降后，原为三角洲或带状的形态又可转化为锥体(如三门峡水库改变蓄水运用后)。

4.4.2　不同淤积形态的冲淤调整响应

如前所述，水库淤积形态外形较复杂，但通常可概括为三种典型的类型，即三角洲、锥体和带状淤积，其中三角洲淤积形态和锥体淤积形态则是较为常见的类型。本节将采用数学模型计算与理论探讨相结合的研究方法，分析三角洲淤积形态和锥体淤积形态对泥沙动态调控的响应。小浪底水库实测淤积形态为三角洲淤积形态；锥体淤积形态设置则以实际水库泥沙淤积量为基础，在同等淤积量且库尾比降相当的前提下概化出锥体淤积形态。

本节将结合 2010 年和 2013 年汛期小浪底水库水沙调度过程，来分析淤积形态对水沙调控的响应。2010 年汛期入库平均流量为 1127 m^3/s、入库平均含沙量为 29.27 kg/m^3，2013 年汛期入库平均流量为 1640 m^3/s、入库平均含沙量为 22.65 kg/m^3，对应的两个年度的汛期坝前水位调度过程如图 4-13 所示。

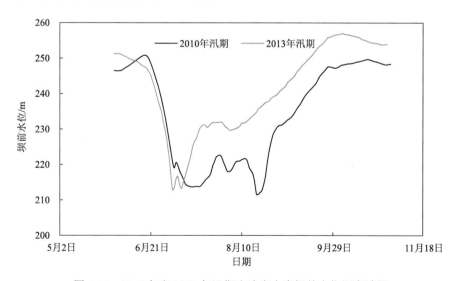

图 4-13　2010 年和 2013 年汛期小浪底水库坝前水位调度过程

1. 三角洲淤积形态

2010 年水库调度运行方式的三角洲淤积形态冲淤变化如图 4-14 所示,由图 4-14 可见,三角洲形态及顶点位置随着水库的运行而发生变化。汛前,三角洲顶点在位于距坝约 24 km 处附近,高程约为 219.6 m。汛期,坝前水位降低运行(最低水位约 211.6 m),三角洲洲面发生较明显冲刷,前坡段与坝前段则出现明显泥沙淤积。汛后,三角洲顶点向下游推进到距坝约 19.6 km 处,三角洲顶点高程约为 215.6 m,较汛前高程降低 4.0 m。

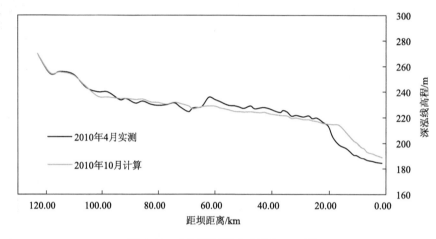

图 4-14　水库淤积形态响应(2010 年)

2013 年水库调度运行方式的三角洲淤积形态冲淤变化见图 4-15,由图 4-15 可见,三角洲形态及顶点位置同样随着水库的运行而发生变化。汛前,三角洲顶点在位于距坝约 14 km 处,高程约为 210 m。汛期,坝前水位降低运行(最低水位约 212.5 m),水库上游河段产生冲刷,下游河段产生淤积。汛后,三角洲顶点位置没有发生明显变化,仍在坝约 14 km 处,三角洲顶点高程约为 214 m,较汛前高程淤高 4.0 m。

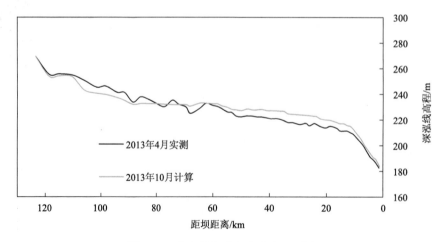

图 4-15　水库淤积形态响应(2013 年)

上述分析表明，小浪底水库三角洲淤积形态在汛期调水调沙阶段存在典型周期性的冲淤过程。调水调沙开始阶段，水库上游河段开始产生冲刷，下游河段产生淤积；当水位继续下降时，冲刷河段逐渐向下游发展，三角洲前坡段向前淤积推进。三角洲顶点附近顶坡段冲刷与淤积的调整与水库运行(低)水位与三角洲顶点高程之间的关系存在较明显的关联性，当水库(低)水位低于三角洲顶点高程时，三角洲顶坡段出现冲刷(如 2010年，汛前三角洲顶点高程约为 219.6 m，汛期坝前最低水位约 211.6 m)，当水库(低)水位高于三角洲顶点高程时，则三角洲顶坡段出现淤积(如 2013 年，汛前三角洲顶点高程约为 210 m，汛期坝前最低水位约 212.5 m)。

除了传统水沙调控外，泥沙动态调控还包括人工扰动和辅助清淤等相关措施。本节计算同样考虑了人工清淤因素进行，计算方案为在水库三角洲顶点对应位置进行汛前集中清淤，清淤范围为三角洲顶点及向上游 2 km 的范围，清淤厚度为 2 m，宽度平均约1.5 km，清淤泥沙量约为 600 万 m³。

各计算工况结果基本类似，以 2010 年三角洲淤积形态为例，分析其淤积形态对泥沙动态调控的响应，模拟结果见图 4-16。由图 4-16 可见，因人工清淤量占实际水库淤积量比例很小，因此其淤积形态总体变化情况与之前不考虑人工清淤时基本类似，未发生明显变化，仅在清淤疏浚附近局部河段有一定变化，具体表现为，从高程来看，以清淤段为中心，河床向坝前和库尾方向高程略有降低，但影响范围较小，基本在清淤长度的三倍左右；从局部河床比降变化看，在影响范围内，清淤上段比降略有变陡，下游则坡降变缓。

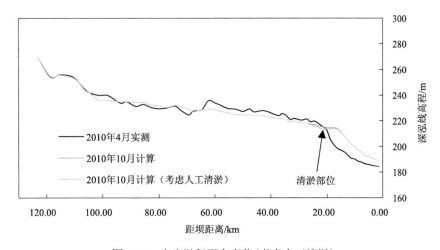

图 4-16　水库淤积形态变化(考虑人工清淤)

2. 锥体淤积形态

锥体淤积形态设置以 2010 年 4 月实际水库泥沙淤积量为基础，在同等淤积量且库尾比降与三角洲淤积形态相当的前提下概化出锥体淤积形态，如图 4-17 所示。

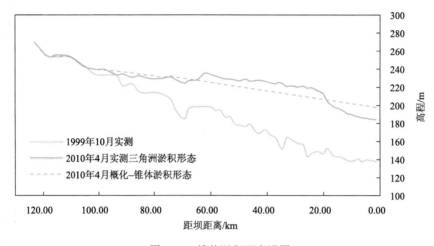

图 4-17　锥体淤积形态设置

2010 年水库调度运行方式的锥体淤积形态冲淤变化见图 4-18。由于在锥体淤积形态时，水流流速沿程减小特征较明显，由图 4-18 可见水库上段受河道边界影响有冲有淤，总体冲淤变化较小，中下段水库淤积明显，尤其是到下段河道放宽处，最大淤积厚度可达 10 m 以上，枢纽前局部因汛期水位降低运行则略有冲刷。从水库排沙比统计来看，由三角洲淤积形态时的 35%左右降低至锥体淤积形态时的 27%左右，因此锥体淤积形态时水库淤积总量增加约 8%。

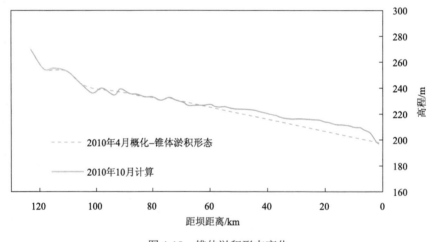

图 4-18　锥体淤积形态变化

与三角洲淤积形态研究一致，除了传统水沙调控外，泥沙动态调控还包括人工扰动和辅助清淤等相关措施。本节计算同样对人工清淤因素进行了考虑，计算方案与三角洲淤积形态时一致，在水库三角洲顶点对应的位置进行汛前集中清淤，清淤河段长度为 2 km，清淤厚度为 2 m，宽度平均约 1.5 km，清淤泥沙量约 600 万 m³。

锥体淤积形态对泥沙动态调控的响应的模拟结果见图 4-19。由图 4-19 可见，因人工清淤量占实际水库淤积量比例很小，因此淤积形态总体变化情况与不考虑人工清淤时基本类似，未发生明显变化，仅在清淤疏浚附近局部河段有一定变化，具体表现为，从高程来看，以清淤段为中心，河床向坝前和库尾方向高程略有降低，但影响范围较小，基本在清淤长度的三倍左右；从局部河床比降变化看，在影响范围内，清淤上段比降略有增加，下游则比降变缓。这一变化特征与三角洲淤积形态时是基本一致的。

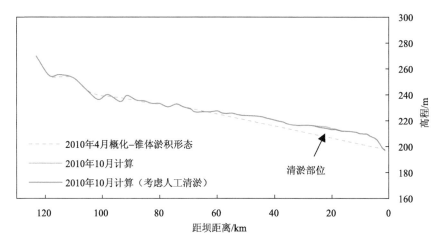

图 4-19　水库淤积形态变化（考虑人工清淤）

4.4.3　不同淤积形态下排沙效果（排沙比）

1. 淤积形态设置

如前所述，水库淤积形态外形较复杂，但通常可概括为三种典型的类型，即三角洲、锥体和带状淤积，其中三角洲淤积形态和锥体淤积形态则是较为常见的类型。本节将采用数学模型计算与理论探讨相结合的研究方法分析典型水沙调控方式下不同水库淤积形态的排沙效果。淤积形态设置以 2010 年 10 月实际水库泥沙淤积量为基础（总淤积量 28.2亿 m^3，其中干流淤积量 22.4 亿 m^3），实测淤积形态为三角洲淤积形态，在同等淤积量且库尾比降相当的前提下概化出锥体淤积形态，两者淤积形态见图 4-20。

2. 排沙效果

针对三角洲淤积形态及锥体淤积形态特征，采用 2010 年和 2013 年汛期实际水库运行调控方式，对不同淤积形态下的水库排沙情况进行了初步计算和统计，具体结果见表 4-3。由表 4-3 可见，同一调控方式下，三角洲淤积形态的排沙比大于锥体淤积形态的排沙比，亦即三角洲淤积形态更有利于水库排沙。

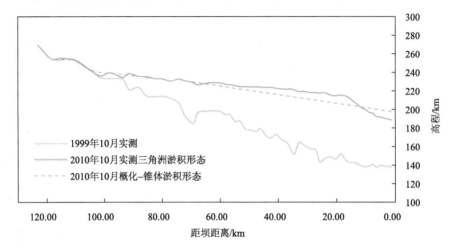

图 4-20　不同淤积形态设置

表 4-3　不同淤积形态排沙比对比

时间	入库平均流量 /(m³/s)	入库平均含沙量 /(kg/m³)	三角洲淤积形态排沙比/%	锥体淤积形态排沙比/%
2010 年汛期	1127	29.27	35.7	27.6
2013 年汛期	1640	22.65	31.4	24.1

在同一水库调控运行方式的前提下，从两种淤积形态时的水库干流典型流速分布图可看出(图 4-21，流量 $Q = 3000$ m³/s，坝前水位 220 m)，锥体淤积形态时，水流流速沿程减小特征较明显；对于三角洲淤积形态而言，因三角洲淤积形态回水距离短，且库容主要集中分布在近坝区，因此，水库三角洲顶点以上的部位流速均较大，在同一水库运行条件下，三角洲顶点以上部位的流速明显大于锥体淤积形态时的流速，这一流速分布特征更有利于泥沙较长距离输移至坝前。此外，虽然锥体淤积形态时近坝段流速比三角

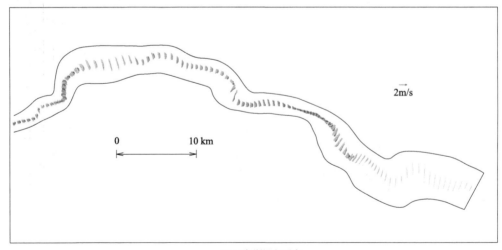

(a) 三角洲淤积形态

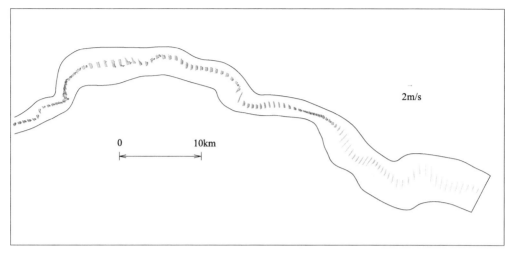

(b) 锥体淤积形态

图 4-21 不同淤积形态下流场分布

洲淤积形态略大，但三角洲淤积形态时坝前床面比降较大，锥体淤积形态平均比降约为 0.00042，而三角洲淤积形态坝前比降则约为 0.0019，两者相差 4 倍多，因而三角洲淤积形态更有利于异重流的形成和泥沙出库，提高水库排沙比。此外，根据理论异重流形成条件的相关理论，亦可说明此问题。

小浪底水库异重流潜入点水深可由下式计算(张俊华等，2007)：

$$h_{\mathrm{o}} = \left(\frac{1}{0.6\eta_{\mathrm{g}}} \frac{Q^2}{gB^2} \right)^{1/3} \tag{4-15}$$

而对于异重流均匀流水深而言，则可由下式计算(韩其为，2003)：

$$h_{\mathrm{n}}' = \left(\frac{\lambda'}{8\eta_{\mathrm{g}}g} \frac{Q^2}{J_{\mathrm{o}}B^2} \right)^{1/3} \tag{4-16}$$

式中，η_{g} 为重力修正系数；g 为重力加速度；Q 为流量；B 为异重流过流宽度；J_{o} 为水库底坡；λ' 为异重流阻力系数，取 0.025(陈书奎等，2010)。

若异重流均匀流水深 $h_{\mathrm{n}}' < h_{\mathrm{o}}$ 则说明异重流潜入成功，否则异重流水深将超过表层清水水面，异重流消失；当 $h_{\mathrm{n}}'/h_{\mathrm{o}} = 1$ 时，可求得相应临界底坡：$J_{\mathrm{o,c}} = J_{\mathrm{o}} = 0.001875$。一般来讲，异重流除满足式(4-15)之外，还应满足水库底坡 $J_{\mathrm{o}} > J_{\mathrm{o,c}}$。

小浪底库区形成锥体淤积形态后，河床平均比降约为 0.00042，底坡在大多数时段均小于临界底坡，因此难以形成异重流输沙流态。

而三角洲淤积形态时，近坝段的底坡比降大大提高，约为 0.0019，大于临界底坡，因此较易形成异重流输沙流态，且输送距离较短。

由此进一步说明，三角洲淤积形态更有利于异重流的形成和泥沙出库，提高水库排沙比，是相对较优的水库淤积形态。

4.5　万家寨水库不同淤积形态对泥沙动态调控的响应
——准冲淤平衡型水库

第 3 章选取处于拦沙淤积阶段的小浪底水库开展了不同淤积形态对泥沙动态调控的响应研究。本章将选择已处于准冲淤平衡的万家寨水库，同样开展不同淤积形态对泥沙动态调控的响应研究。

4.5.1　万家寨水库概况

万家寨水利枢纽位于黄河北干流上段托克托至龙口峡谷河段内（图 4-22），是黄河中游规划梯级开发的第一级，左岸隶属山西省偏关县，右岸隶属内蒙古自治区准格尔旗。其下游 25.6km 为龙口水利枢纽，下游 95.6km 为天桥水电站。万家寨枢纽工程的主要任务是供水结合发电调峰，同时兼有防洪、防凌作用。万家寨水库可向山西、内蒙古提供 14 亿 m³ 的年供水量，可向山西、内蒙古电网提供 108 万 kW 的调峰容量和 27.5 亿 kW·h 的年发电量，并对下游龙口水利枢纽以及天桥水电站的防洪、防凌提供有利条件。

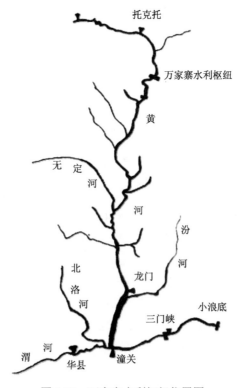

图 4-22　万家寨水利枢纽位置图

万家寨坝址控制流域面积 39.5 万 km²，枢纽坝顶高程 982 m，坝长 436 m，最大坝高约 90 m。水库设计最高蓄水位 980 m，正常蓄水位 977 m，采用"蓄清排浑"方式，排沙期运行水位 952~957 m，冲刷水位 948 m，总库容 8.96 亿 m³，调节库容 4.45 亿 m³，死库容 4.51 亿 m³。枢纽于 1998 年 10 月下闸蓄水，同年 12 月 28 日第一台机组并网发电，正式投入运行。

4.5.2　不同淤积形态的冲淤调整响应

依据万家寨水库实测地形资料建立了淤积形态模拟的数值模型。在此基础上开展不同淤积形态对水沙调控的响应研究。如前所述，淤积形态同样针对三角洲淤积形态和锥体淤积形态两种常见形态来开展。万家寨水库实测淤积形态为三角洲淤积形态；锥体淤积形态设置则以实际水库泥沙淤积量为基础，在同等淤积量且库尾比降与三角洲淤积形态相当的前提下概化出锥体淤积形态。

1. 三角洲淤积形态

2012 年汛期水库调度运行方式的三角洲淤积形态冲淤变化见图 4-23。从淤积形态变化计算结果来看，洪水期坝前 8 km 范围内产生明显淤积，最大淤厚可达 18.0 m 左右，距坝 8~60 km 范围发生冲刷，断面最大冲刷 5.0 m 左右；距坝 60 km 以上基本冲淤平衡。

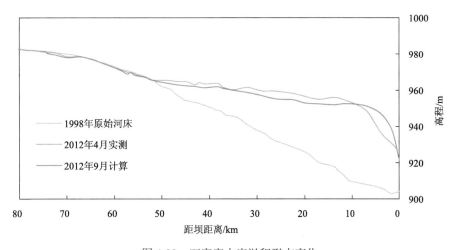

图 4-23　万家寨水库淤积形态变化

三角洲形态及顶点位置随着水库的运行而发生变化，汛期降水后水库上游河段开始产生冲刷，下游河段产生淤积；当水位继续下降时，冲刷河段逐渐向下游发展，三角洲前坡段向前淤积推进。汛前，三角洲顶点在位于距坝约 12 km 处附近时，高程约为 952.0 m。汛期，坝前水位降低运行(最低水位约 951.0 m，图 4-24)，三角洲洲面发生较明显冲刷，前坡段与坝前段则出现明显泥沙淤积；汛后，三角洲顶点向下游推进到距坝约 6.0 km 处附近，三角洲顶点高程约为 950.0 m，较汛前高程降低 2.0 m。

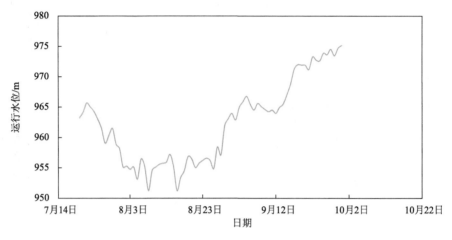

图 4-24 万家寨水库 2012 年汛期运行水位

除了传统水沙调控外，泥沙动态调控还包括人工扰动和辅助清淤等相关措施。本节计算同样对人工清淤因素进行了考虑，计算方案为在万家寨水库三角洲顶点对应的位置进行汛前集中清淤，清淤范围为三角洲顶点及向上游 2 km 的范围，清淤厚度为 2 m，宽度平均约 0.3 km，清淤泥沙约为 120 万 m³。

三角洲淤积形态对泥沙动态调控的响应模拟结果见图 4-25。由图 4-25 可见，因人工清淤量占实际水库淤积量比例很小，因此淤积形态总体变化情况与之前不考虑人工清淤时基本类似，未发生明显变化，仅在清淤疏浚附近局部河段有一定变化，具体表现为，从高程来看，以清淤段为中心，河床向坝前和库尾方向高程略有降低，但影响范围较小，基本在清淤长度的三倍左右；从局部河床比降变化看，在影响范围内，清淤上段比降略有变陡，下游则比降变缓。

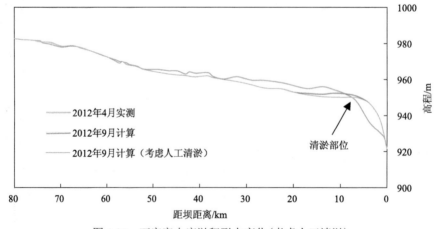

图 4-25 万家寨水库淤积形态变化(考虑人工清淤)

2. 锥体淤积形态

锥体淤积形态设置以 2012 年 4 月实际水库泥沙淤积量为基础,在同等淤积量且库尾比降与三角淤积形态相当的前提下概化出锥体淤积形态,锥体淤积形态平均比降约为 0.00035,如图 4-26 所示。

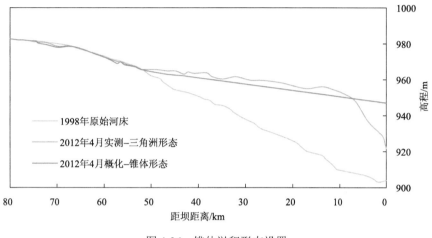

图 4-26　锥体淤积形态设置

2012 年汛期水库调度运行方式的锥体淤积形态冲淤变化见图 4-27。由于锥体淤积形态时,水流流速沿程减小特征较明显,由图 4-27 可见水库上段受河道边界影响有冲有淤,总体冲淤变化较小,下段水库淤积相对明显,最大淤积厚度可达 3 m 以上,枢纽前局部因汛期水位降低运行则略有冲刷。从淤积总量对比来看,锥体淤积形态时水库淤积总量较三角洲淤积形态增加约 10%。

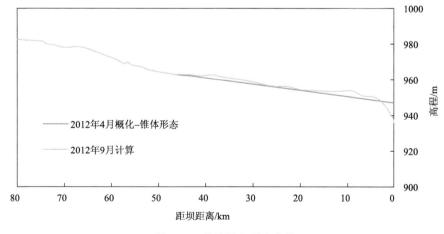

图 4-27　锥体淤积形态变化

　　与三角洲淤积形态研究一致，除了传统水沙调控外，泥沙动态调控还包括人工扰动和辅助清淤等相关措施。本节计算同样对人工清淤因素进行了考虑，计算方案与三角洲淤积形态时一致，在水库三角洲顶点对应的位置进行汛前集中清淤，清淤河段长度为 2 km，清淤厚度为 2 m，宽度平均约 0.3 km，清淤泥沙约为 120 万 m³。

　　锥体淤积形态对泥沙动态调控的响应的模拟结果见图 4-28。由图 4-28 可见，因人工清淤量占实际水库淤积量比例很小，因此其淤积形态总体变化情况与不考虑人工清淤时基本类似，未发生明显变化，仅在清淤疏浚附近局部河段有一定变化，具体表现为，从高程来看，以清淤段为中心，河床向坝前和库尾方向高程略有降低，但影响范围较小，基本在清淤长度的三倍左右；从局部河床比降变化看，在影响范围内，清淤上段比降略有变陡，下游则比降变缓。这一变化特征与三角洲淤积形态时是基本一致的。

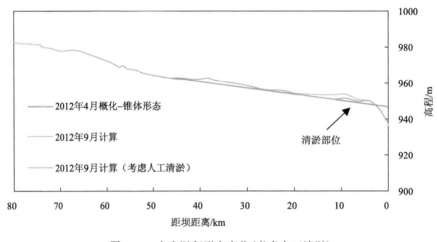

图 4-28　水库淤积形态变化(考虑人工清淤)

4.5.3　不同淤积形态下排沙效果

1. 淤积形态设置

　　如前所述，万家寨水库实测淤积形态为三角洲淤积形态；锥体淤积形态设置则以实际水库泥沙淤积量为基础，在同等淤积量且库尾比降与三角洲淤积形态相当的前提下概化出锥体淤积形态，2012 年 4 月实测及概化的淤积形态见图 4-26。

2. 排沙效果

　　针对三角洲淤积形态及锥体淤积形态特征，采用 2012 年和 2013 年汛期实际水库运行调控方式，对不同淤积形态下的水库排沙情况进行了初步计算和统计，具体结果见表 4-4。由表 4-4 可见，同一调控方式下，三角洲淤积形态的排沙比要大于锥体淤积形态的排沙比，亦即三角洲淤积形态更有利于水库排沙。这一结论与小浪底水库是基本一致的。

表 4-4　不同淤积形态汛期排沙比对比

时间	入库水量 /亿 m³	入库平均含沙量 /(kg/m³)	三角洲淤积形态排沙比/%	锥体淤积形态排沙比/%
2012 年汛期	172	2.91	109.6	98.5
2013 年汛期	91	4.01	129.8	116.1

　　第 3 章对小浪底水库排沙比进行对比分析时，已经在理论上分析说明，三角洲淤积形态时坝前床面比降较锥体淤积形态时大，因而三角洲淤积形态更有利于异重流的形成和泥沙出库，提高水库排沙比。万家寨水库概化锥体淤积形态平均比降约为 0.00035，而三角洲淤积形态坝前比降则约为 0.0039，两者相差 10 倍左右，因此，三角洲淤积形态更有利于异重流的形成和泥沙出库，提高水库排沙比。

　　由此进一步说明，无论是拦沙淤积型水库(小浪底水库)，还是准冲淤平衡型水库(万家寨水库)，三角洲淤积形态均更有利于异重流的形成和泥沙出库，提高水库排沙比，是相对较优的水库淤积形态。

4.6　维持优化淤积形态调控方法

　　前述研究表明，三角洲淤积形态是有利于高效输沙的淤积形态，因此，水库运行过程中，应考虑对其适时进行排沙，尽可能延长由三角洲淤积形态转化为锥体淤积形态的时间，以更有利于减少水库淤积，增强水库运用的灵活性和水沙调控的能力。

　　受水库分选作用，泥沙沿程落淤，库尾淤积泥沙相对较粗，坝前细颗粒泥沙相对较细。以小浪底水库为例，其淤积物粒径沿程分布除局部存在一定起伏变化外，总体而言，受泥沙分选作用，从库尾至坝前沿程泥沙颗粒逐渐变细，坝前淤积物中值粒径基本在 0.01 mm 以下。根据前文研究，尚未密实的低密度水库细颗粒淤积物为典型宾厄姆流体，具有较明显的流动特性，即细颗粒淤积物具有一定临界坡度 J_c，则在 $J>J_c$ 时 ($J_c=\tau_B/\gamma_s\Delta z$，$\tau_B$ 为屈服应力，γ_s、Δz 分别为细颗粒淤积物的容重和厚度)，淤积物以其自重就可以沿着坡度方向运动。因此，可充分利用细颗粒淤积物的这一运动特性，采用适当的调度方式恢复坝前库容，来维持三角洲淤积形态。

　　因此，维持三角洲淤积形态可通过水库溯源冲刷来实现。当较大洪水入库时迅速且大幅下降坝前水位，甚至可使局部库段水深小于平衡水深，或者使下游水位低于其上游淤积面高程，使得坝前淤积体产生溯源冲刷，利用淤积物的流动特性，不断滑塌，并逐渐向上游发展。溯源冲刷不仅可以排走上游来沙，而且还能冲刷坝前前期淤积物，是水库重要的排沙方式之一，也是迅速恢复库容特别是近坝段库容的有效措施，使水库淤积形态尽可能保持为三角洲淤积形态，在后续运行过程中提高水库的排沙效率。这一效果在 2013 年及近年的降水冲刷中已得到很好的体现，恢复或保持了坝前库容，可较好地维持三角洲淤积形态，以利于提高水库排沙效率。

4.7 小 结

(1) 低密度水库细颗粒淤积物为典型宾厄姆流体,其屈服应力 τ_B 和黏滞系数 μ 随淤泥密度的不同而发生变化,中间存在从缓变到急变的转化过程,当密度大于 $1.20\sim1.25\text{kg/m}^3$ 后,流变参数随密度的变化速率快速增大,因此可认为当淤积物密度大于 $1.20\sim1.25\text{kg/m}^3$ 后,淤积物的流动性已快速减弱,将不易流动。

(2) 采用临界坡度作为细颗粒淤积物失稳流动的判别标准,即 $J > J_c$ ($J_c = \tau_B/\gamma_s\Delta z$,$\tau_B$ 为屈服应力,γ_s 和 Δz 分别为细颗粒淤积物的容重和厚度);通过引入水、淤积物、床面之间的界面受力分析,建立了细颗粒淤积物失稳流动模式,描述其失稳后的运动及其泥沙重新分配过程;通过与三维水沙模型相耦合,建立了考虑细颗粒淤积物流动特性的水库淤积形态数值模拟方法。

(3) 从小浪底水库淤积物粒径沿程分布来看,受泥沙分选作用,从库尾至坝前泥沙粒径逐渐细化,尤其是近坝段淤积在主槽内的泥沙较细(中值粒径在 0.01 mm 左右),此类淤积物在密实前具有较强的流动性,平衡比降极小,本次模拟过程对细颗粒淤积物自身的失稳流动特性进行了考虑,因此,近坝段模拟的断面淤积形态均较为平坦,这一结果与实际观测是一致的;相对而言,对于淤积物相对较粗的水库中上段(中值粒径一般大于 0.10 mm),模拟过程中不考虑其流动特性,因此断面坡度略大,实际情况亦与此基本一致。

(4) 三角洲形态及顶点位置随着水库的运行调控而发生变化。随着汛期坝前水位降低运行,水库上游河段开始产生冲刷,下游河段产生淤积;当水位继续下降时,冲刷河段逐渐向下游发展,三角洲前坡段向前淤积推进。三角洲顶点附近顶坡段冲刷与淤积的调整,与水库运行(低)水位与三角洲顶点高程之间的关系存在较明显的关联性,当水库(低)水位低于三角洲顶点高程时,三角洲顶坡段出现冲刷,当水库(低)水位高于三角洲顶点高程时,则三角洲顶坡段出现淤积。

(5) 锥体淤积形态时,水流流速沿程减小特征较明显,水库上段受河道边界影响有冲有淤,中下段水库淤积明显,尤其是到下段河道放宽处,淤积厚度较大。

(6) 考虑泥沙动态调控(人工清淤措施)时,因清淤量占水库淤积总量比例很小,因此淤积形态总体变化情况与不考虑人工清淤时基本类似,仅在清淤疏浚附近局部河段有一定变化,具体表现为,从高程来看,以清淤段为中心,河床向坝前和库尾方向高程略有降低,但影响范围较小,基本在清淤长度的三倍左右;从局部河床比降变化看,受影响范围内,清淤上段比降略有变陡,下游则比降变缓。

(7) 不同淤积形态排沙比计算及理论分析表明,三角洲淤积形态更有利于异重流的形成和泥沙出库,其排沙比要大于锥体淤积形态的排沙比,亦即三角洲淤积形态更有利于水库排沙,是相对较优的淤积形态。

(8)坝前尚未密实的低密度细颗粒淤积物为典型宾厄姆流体，具有较明显的流动特性。因此，可充分利用这一运动特性，当较大洪水入库时迅速且大幅下降坝前水位，使得坝前淤积物失稳流动滑塌，并逐渐向上游发展，通过水库溯源冲刷来恢复坝前库容，维持相对较优的三角洲淤积形态，有利于提高水库排沙效率。

第5章 水库泥沙资源利用与泥沙动态调控的互馈机制

5.1 水库泥沙资源利用的现实需求与实现途径

5.1.1 水库泥沙资源利用的现实需求

黄河流域水土流失严重，黄河已建水利枢纽除了发挥"防洪、灌溉、供水、发电"等综合效益之外，还将改变泥沙输送的边界条件。黄河水少沙多、水沙关系不协调，造成下游河道淤积严重，人们希望水库多拦沙，减少下游河道的持续淤积抬高，减轻下游防洪压力，而且为河流健康考虑，希望水库长期发挥其防洪减淤的效益。对水库泥沙的处理是多沙河流水库运行、调度过程中面临的一个重要问题，关系到水库使用寿命、各项功能的发挥时效，一直以来备受关注。

随着经济社会的发展和对泥沙资源属性认识的加深，泥沙作为一种硅酸盐类资源，越来越受到相关科研机构及部门、社会各界人士的重视。近年来随着技术的进步，对泥沙资源的利用，除了传统的采砂作为建筑材料运用外，其利用途径也逐渐增多，如利用泥沙制作环保建材、利用细颗粒泥沙淤土造田，利用粗泥沙陶冶提取有用金属等，社会需求量也逐年增大。更主要的是，面对源源不断的泥沙，必须换一种思路来应对，变被动为主动。由于水流的自然分选作用，水库成为泥沙分选的天然最佳场所，为泥沙资源的开发利用提供了前提条件；泥沙资源利用技术的发展与经济社会对泥沙资源需求的增强，为水库泥沙资源的大规模利用提供了可能。水库淤积泥沙如果能得到合理利用，将不同程度地遏制水库淤积的趋势，改善泥沙淤积部位，这既是解决水库泥沙淤积问题最直接有效的途径，也是充分发挥水库功能、维持河流健康的重大需求。泥沙资源利用作为水库泥沙处理的落脚点，是水库泥沙处理的升华和最终出路，不仅是充分发挥水库功能、维持河流健康生命的需要，同时也符合国家的产业政策，具有重大的社会、经济、环境、生态、民生意义。

1. 黄河流域水库泥沙淤积现状

黄河以多沙属性闻名于世，黄河上水库淤积速度之快也令世人震惊，并由此带来了一系列严重的水库泥沙问题。黄河干流修建的第一座水利枢纽——三门峡水库建成运行后，因库区淤积严重而被迫多次改建，并改变运行方式，使水库功能至今无法充分发挥。

1990~1992 年黄河流域进行了一次全流域的水库泥沙淤积调查。至 1989 年全流域共有小(一)型以上水库 601 座，总库容 522.5 亿 m^3，已淤损库容 109.0 亿 m^3，占总库容的 21%；其中干流水库淤积 79.9 亿 m^3，占总库容的 15%；支流水库淤积 29.1 亿 m^3，占总库容的 6%。至今，黄河流域许多水库淤积超过总库容一半，大大制约了水库效能的发挥，有的甚至失去应有的作用。例如，三门峡水库，总库容 96.0 亿 m^3，至 2017 年已淤积 67.0 亿 m^3；青铜峡水库，总库容 6.06 亿 m^3，至 2017 年已淤积 5.75 亿 m^3；万家寨水库，总库容 8.96 亿 m^3，至 2017 年已淤积 4.55 亿 m^3；盐锅峡水库，总库容 2.20 亿 m^3，至 2017 年已淤积 1.65 亿 m^3；八盘峡水库，总库容 0.50 亿 m^3，至 2017 年已淤积 0.28 亿 m^3；天桥水库，总库容 0.70 亿 m^3，至 2017 年已淤积 0.52 亿 m^3。其他淤积较轻的水库，如龙羊峡水库，总库容 247.0 亿 m^3，至 2017 年已淤积 4.6 亿 m^3；刘家峡水库，总库容 57.0 亿 m^3，至 2017 年已淤积 17.43 亿 m^3；2000 年投入运用的小浪底水库，总库容 126.50 亿 m^3，至 2017 年已淤积 32.70 亿 m^3。

2. 水库泥沙淤积带来的问题

泥沙在库区的大量淤积给水库正常功能的发挥及河流健康带来较大影响，主要表现在以下几个方面。

1) 对库区上游的影响

水库泥沙淤积过多，将造成水库淤积末端向上游延伸，使回水末端地区淹没、浸没损失扩大。同时，水库回水变动区泥沙的淤积常常造成航深、航宽不足，影响通航，特别是一些大型水库，水库水位变幅大使回水变动区的河势处于一种不稳定状态，对航行不利。

2) 对库区及大坝运行的影响

(1) 水库库容减少。水库原定兴利目标不能实现，有些水库为减缓淤积，延长水库使用寿命，不得不改变水库运用方式。

(2) 污染水质。泥沙是有机和无机污染物的载体，沉积在库区的泥沙对水质影响很大。

(3) 影响坝前建筑物正常运用。泥沙淤积在电站进水口、上下游引航道及船闸闸室等坝前区域，有可能堵塞闸孔，威胁工程安全。

3) 对下游河道及河湖关系的影响

(1) 影响下游河道稳定。水库拦沙，下泄清水会使下游河道发生长距离冲刷，造成滩地大量坍塌并使险情增加，多沙水库排沙，若水库调节不好，易发生"大水带小沙，小水带大沙"的不利局面，造成下游河槽的淤积，对防洪极为不利。

(2) 影响下游河道的河湖关系。水库运用改变了进入下游的水沙条件，使下游河道的边界条件相应发生变化，进而影响与下游河道相连的一些湖泊的健康。

(3) 影响河湖及河口的生态环境。随着湖泊面积减少，其周围的生态环境将逐步恶化；对河口来说，缺少泥沙补给后，使河口地区受到严重的海岸侵蚀，盐水倒灌，影响河口地区的生态健康。

3. 泥沙资源利用现实需求

通过资料收集、现场查勘等方式，对下河沿以下河段辐射范围内采煤沉陷区、滩区放淤区、引黄供水沉沙区、挖河固堤区、撂荒地改造区、低洼地改造区和工程材料市场等沿河区域的泥沙资源利用现状开展了广泛调研,分析了各个区域泥沙资源利用的潜力、需求,以及未来泥沙资源利用的前景。

1)撂荒地土地改良

宁夏有待开发荒地 66.67 多万公顷,是全国少数几个土地后备资源上百万公顷的省区之一,特别是青铜峡水库两岸分布有大量撂荒地,随着国家对西部大开发的投入增加,这些地区将成为国家重要的粮食后备产区。黄河淤积泥沙具有相当数量的农作物生长养分,对农作物生长十分有利。利用青铜峡水库淤积泥沙对周边撂荒地进行覆盖、平整土地、改良土壤结构、增加土壤肥力等多种功能于一身,能起到一举多得的治理效果。

2)煤矿地下采空区与地表沉陷区及其他矿业坑塘充填

黄河流域矿产资源丰富,其中煤炭储量约占全国总量的 67%,我国确定的 13 个大型煤炭基地,其中就有 6 个集中在此区域。

黄河禹门口以下河段辐射范围主要包括山西、陕西、河南和山东四省,沿岸煤矿分布广泛,充填开采空间总量巨大。其中山西沿黄太原、晋中、临汾、运城等地煤矿年开采量达 1.51 亿 t/a,每年开采空间约 1.08 亿 m^3。陕西沿黄铜川、渭南、咸阳等地煤矿年开采量达 7020 万 t/a,每年开采空间约 5015 万 m^3/a。河南省沿黄 50km 范围内的煤矿主要分布在义马矿区、荥巩矿区、郑州矿区、济源矿区 4 个矿区 31 座煤矿,合计总产量 4205 万 t/a(表 5-1),每年采出空间约为 3000 万 m^3。山东省沿黄流域内分布着兖州、济宁、新汶、淄博、肥城、巨野、黄河北七大矿区,这些矿区探明煤炭储量为 160 多亿吨,年开采量达 8500 万 t/a,每年采出空间约 6050 万 m^3。总体上,黄河禹门口以下沿黄附近煤矿,每年煤炭开采量约 3.5 亿 t/a,开采空间约 2.5 亿 m^3/a。也就是说,如果采用黄河泥沙进行充填开采,按充填开采时黄河泥沙利用量的 80% 考虑,每年可消耗 2 亿 m^3 黄河泥沙。

表 5-1　河南沿黄 50km 范围内的煤矿统计表

序号	煤矿名称	建矿年份	年产量/(Mt/a)	距黄河距离/km
1	河南大有能源股份有限公司石壕煤矿份有限公司石壕煤矿	1985	0.6	15
2	河南大有能源股份有限公司耿村煤矿	1975	3.0	23
3	河南义马市义煤集团千秋煤矿	1956	1.0	30
4	义马煤业(集团)有限责任公司跃进煤矿	—	1.8	27
5	义马煤业(集团)有限责任公司观音堂煤矿	—	0.3	18
6	河南大有能源股份有限公司杨村煤矿	—	1.2	24
7	三门峡龙王庄煤业有限责任公司	2004	0.45	14
8	河南大有能源股份有限公司新安煤矿	1988(投产)	1.2	23
9	义马煤业(集团)有限责任公司宜洛煤矿	2005(重组)	0.9	17
10	洛阳龙门煤业有限公司龙门煤矿	2004(重组)	0.5	34
11	河南省偃师市焦村煤矿	2005(重组)	0.9	26
12	义马煤业集团孟津煤矿有限责任公司	2004(重组)	1.2	9

续表

序号	煤矿名称	建矿年份	年产量/(Mt/a)	距黄河距离/km
13	洛阳义安矿业有限公司	2009(投产)	0.9	14
14	义煤集团新义矿业有限公司	2011(投产)	1.2	14
15	义马煤业(集团)有限责任公司常村煤矿	2005	0.45	27
16	河南永华能源有限公司嵩山煤矿	2006	0.6	31
17	河南大峪沟煤业集团有限责任公司	1958	2.0	7
18	河南焦煤能源有限公司演马庄矿	1958	1.2	31
19	焦作煤业(集团)冯营工业有限责任公司冯营矿	—	0.45	31
20	河南焦煤能源有限公司九里山矿	1970	1.0	36
21	焦作煤业(集团)有限责任公司古汉山矿	1991	1.2	45
22	焦作煤业(集团)有限责任公司韩王矿	2002	0.3	19
23	河南煤业化工集团焦煤公司赵固一矿	2005	6.0	40
24	焦作煤业(集团)新乡能源有限公司赵固二矿	2007	1.8	40
25	河南省济源煤业有限责任公司	2002(重组)	2.0	31
26	郑州煤电股份有限公司超化煤矿	1993	2.3	49
27	郑州煤炭工业(集团)杨河煤业有限公司裴沟煤矿	1960	2.0	40
28	郑州煤炭工业(集团)有限责任公司王庄煤矿	1960	1.2	34
29	郑州煤炭工业(集团)有限责任公司米村分公司	1966	2.0	34
30	郑州煤电股份有限公司告成煤矿	1992	1.2	48
31	郑州煤炭工业(集团)有限责任公司芦沟煤矿	1966	1.2	42

同时，沿黄煤矿已开采区域存在大量采煤沉陷区或其他矿业开发遗留的坑塘，需要大量泥沙进行充填。以山东菏泽市《采煤塌陷地治理规划》为例，计划对位于汶上、梁山、嘉祥、任城境内的塌陷区进行充填治理，涉及矿井 13 对、矿区面积 730km²。规划区域内西北部为引黄充填治理区域，拟采取抽取黄河泥沙实施充填的方法，以恢复耕地为主，着力打造农业生态园区。按引黄充填治理区域 200 km²、平均淤填 0.5 m 估算，仅菏泽一地，塌陷区治理就需黄河泥沙 1 亿 m³。在具体实践上，近年来山东省济宁市相关单位开展了利用黄河泥沙对采煤塌陷地进行充填复垦的试验，共利用黄河泥沙 168 万 t，治理塌陷地 46.7 hm²；菏泽黄河河务局也联合有关单位计划利用黄河泥沙回填巨野煤田沉陷区。

3) 滩区放淤改土

近年来水利部黄河水利委员会先后进行了温孟滩淤滩改土、小北干流放淤、黄河下游滩区放淤等实践，规划放淤区总面积 108.9km²，可放淤量约为 21.21 亿 t。其中小北干流放淤设计淤积泥沙 1953 万 t，淤区面积 5.5km²。

4) 放淤固堤

水利部黄河水利委员会近期一直在持续开展黄河下游标准化堤防建设，2012 年已完成标准化堤防建设 714km，至 2015 年又完成标准化堤防 209km，目前大部分黄河下游标准化堤防建设已经完成,今后一定时期内黄河下游不再开展放淤固堤,这方面的泥沙利用量很少。

　　5)引黄灌区浑水灌溉与土地改良

　　将引黄泥沙直接输入田间的浑水灌溉方法既可以改良土地,又可以缓解引黄灌区泥沙淤积问题,是引黄灌区泥沙资源利用的主要途径之一。黄河汛期洪水所挟带的泥沙具有相当数量的农作物生长养分(表 5-2),对农作物生长十分有利。浑水灌溉集改碱、平整土地、改良土壤结构、增加土壤肥力等多种功能于一身,能起到一举多得的治理效果。

　　表 5-3 从浑水灌溉前后土地养分对比,可以看出,浑水灌溉后的肥效显著提高,有机质含量和全氮分别比淤前高 0.3%和 0.03%,速效磷、钾比黄淮海平原区分别高 4~7倍和 1.4~1.6 倍;盐分减少,重盐碱沉沙淤改后全剖面脱盐率达 50%以上,对农作物生长十分有利。

　　河南的人民胜利渠和山东菏泽、德州和滨州等地区的引黄灌区先后进行了放淤和种稻改土工作。据统计,到 20 世纪 90 年代初期,黄河下游地区放淤改良土地 348 万亩[①],发展水稻改地 180 余万亩(其中河南约 130 万亩,山东约 50 万亩)。在改变低产盐碱荒地面貌成为粮棉生产基地的同时,还大大改善了灌区的土壤环境、生活环境和社会环境,取得了巨大的经济效益和显著的社会效益。

表 5-2　洪水泥沙所含养分

平均粒径/mm	有机质/%	含氮/%	碱解氮/ppm	速效磷/ppm	速效钾/ppm
0.0184	1.07	0.013	20	20	360

1ppm=10^{-6}。

表 5-3　放淤前后土壤养分

灌区	时期	有机质/%	全氮/%	速效氮/ppm	速效磷/ppm	速效钾/ppm	全盐/%	脱盐率/%
胡楼	前	—	—	36.32	1.03 (0.5~3.0)	156 (136~170)	0.12~0.96	—
	后	—	—	64.4 (31.9~163.8)	9.7 (0.7~28)	190.8 (155~260)	—	—
刘庄	前	0.23~0.58	0.03~0.044	—	21.1~91.9	210~410	0.15~0.225	—
	后	0.53~0.88	0.06~0.074	39.4~61.3	5.3~13.13	150~256	0.015~0.025	50~80
人民胜利渠	前	—	—	—	—	—	0.37~1.32	—
	后	0.5~1.07	0.013~0.34	20	20	360	0.16~0.53	26~73

　　但浑水灌溉要求渠道应具备一定输沙能力、比降大于 1/5000、优佳的渠道断面形式和渠道衬砌等,并使输沙渠道在设计条件下良性运行。以现有的经济、技术和自然环境

---

① 1 亩≈666.67m²。

条件，不可能将全部泥沙输入田间，从而导致大部分泥沙集中淤积在输沙渠和骨干渠道上，不仅需要清淤，而且入田泥沙控制不好时，还会在一定程度上改变土壤性状，并对灌区土壤和生态环境质量产生一定影响。据统计，1958～1990 年，黄河下游引黄灌区总引沙量为 38.65 亿 t，其中沉沙池、引黄渠系、田间和排水系统各占约 1/3。

表 5-4 为近 10 年来黄河下游引黄灌区引水引沙情况，可以看出，2007～2016 年黄河下游共引水 1003.3 亿 m³，引沙 2.01 亿 t；年均引水 100.33 亿 m³，年均引沙 0.201 亿 t。随着小浪底水库进入拦沙后期运行，下泄沙量将逐年增多，下游引黄灌区的年均引沙量也将随之增加。

表 5-4 近 10 年黄河下游引水引沙情况统计

项目	2007 年	2008 年	2009 年	2010 年	2011 年	2012 年	2013 年	2014 年	2015 年	2016 年	合计	年均
水量/亿 m³	72.1	71.1	92.5	97.2	103.9	116.7	107.8	116.6	116.0	109.4	1003.3	100.33
沙量/亿 t	0.21	0.19	0.21	0.26	0.23	0.24	0.20	0.18	0.19	0.10	2.01	0.201

注：表中个别数据因修约略有误差。

6) 工程材料市场

泥沙资源利用在工程材料市场方面主要分为直接利用和间接利用。

直接利用主要是从水库、河道内获取可以直接作为建筑材料利用的泥沙，该部分泥沙粒径较粗，主要表现形式为粗砂或卵石，是非常好的建筑材料，主要集中在禹门口附近、小浪底库尾和西霞院坝下至赵沟工程河段。近几十年来，随着我国建筑和基础设施建设规模的不断增大，砂石骨料的用量保持高速增长，2013 年全国砂石料产量达到 120 亿 t，产值超过 3000 亿元。根据中共中央、国务院印发的《国家新型城镇化规划(2014—2020 年)》以及今后公路、高速铁路网建设规划，今后砂石骨料的用量仍会继续快速增长。

在间接利用方面，近 20 年来，经过深入研究，人们对黄河泥沙的特性有了更加深刻和全面的认识，取得了丰富的综合利用黄河泥沙的经验，研制出了一系列由黄河泥沙制成的装饰和建材产品，主要有烧结内燃砖、灰砂实心砖、烧结空心砖、烧结多孔砖(承重空心砖)、建筑瓦和琉璃瓦、墙地砖、拓扑互锁结构砖以及干混砂浆等，并在利用黄河泥沙制作免蒸加气混凝土砌块、烧制陶粒、微晶玻璃以及新型工业原材料研制等方面进行了探索，取得了良好的效果。据不完全统计，截至 2010 年，全国生产墙体材料的企业约有 10 万家，其中砖瓦生产企业在 9 万家以上，墙体材料的年总产量折合为普通砖约为 8500 亿块，其中实心黏土砖为 5000 亿块；2021 年国内市场建筑陶瓷砖需求量为 75.8 亿 m²，出口量为 6.01 亿 m²。"十三五"期间全国建筑陶瓷砖产量保持在 100 亿 m² 左右。另据统计，2000～2005 年黄河下游根石加固和抢险用石共计 290 万 m³，平均每年抛石 48 万 m³，可以预见，在开山采石越来越少的情况下，天然石材成本将越来越高，用黄河泥沙制作的人工备防石替代天然石材将是必然趋势。

总之，随着利用黄河泥沙制备装饰和建材产品的技术不断提高，在工程材料市场方面对黄河泥沙资源的需求量将不断增加，未来其可以完全代替黏土，节约土地，促进粮食生产，也可以替代石材，实现封山育林，改善环境。黄河泥沙资源作为建筑工程材料，市场前景非常好，年利用量较大。

5.1.2 水库泥沙资源利用的实现途径

由于水流的自然分选作用，水库成为泥沙分选的天然最佳场所，为泥沙资源的分类开发利用提供了前提条件；泥沙资源利用技术的发展与经济社会对泥沙资源需求的增强，为水库泥沙资源的大规模利用提供了可能。水库淤积泥沙如果能得到合理利用，将不同程度地遏制水库淤积的趋势，改善泥沙淤积部位，既是解决水库泥沙淤积问题最直接有效的途径，也是充分发挥水库功能、维持河流健康的重大需求。

1. 水库泥沙处理技术

目前水库淤积泥沙的处理技术主要包括水力排沙技术、机械清淤技术以及机械与水力结合的其他清淤技术。

水库水力排沙的方式有滞洪（泄洪）排沙、异重流排沙、水库泄空排沙等，目前已经在多沙河流水库中得到常态化应用，但受水资源利用条件制约，不同水库的具体排沙方式需因地制宜、因时制宜加以选择。

水库泥沙机械清淤技术主要是指采用挖泥船、吸泥泵等挖泥机械对水库淤积的泥沙进行清除。按照工作原理该技术一般分为吸扬式、泥斗式、冲吸式、耙吸式和射流式。水库泥沙机械清淤技术具有设备成熟、清淤效率高等优势，受水库地形、库形条件、清淤成本等限制，目前主要应用于大型水库的局部清淤和经济发达地区的中小型水库清淤中。

其他清淤技术指考虑水库功能特点、地理特性以及所在区域社会经济形势，综合运用水力、机械、工程措施等多种方式处理水库淤积泥沙的技术。例如，射流清淤、自吸式管道排沙、自排沙廊道、虹吸式清淤、绕库排沙、漏斗排沙等，目前多作为水力排沙的配套延伸技术应用于中小型水库清淤。

2. 水库泥沙转型利用技术

（1）黏土砖技术：黏土砖也称为烧结砖，是建筑用的人造小型块材，黏土砖以黏土（包括页岩、煤矸石等粉料）为主要原料，经泥料处理、成型、干燥和焙烧而成，有实心和空心的分别。黄河泥沙是非常优良的制作黏土砖的材料。

（2）多孔砖技术：利用黄河淤泥沙生产烧结多孔砖具有原料来源广、易开采、产品质量好、不损耕地、降低河床、疏通河道、减少水灾等一举多得的优越性。在全国范围内"限黏禁实"的情况下，利用黄河淤泥沙生产烧结多孔砖，发展前景非常广阔。

（3）免烧免蒸养黄河生态砖技术：生态砖是最新研制成功的新一代绿色环保建材产品，其花色纹理完全可以媲美天然石材，并克服了天然石材在防污、色差、纹理、放射性等方面存在的缺陷，为建筑装饰提供了一种理想的装饰材料。生态砖可以用于河道治理，生态砖上有许多生态孔，提供给水生植物、动物很好的生栖环境，可提高水体生物的成活率，调整生态循环系统，重新建立河道、河堤的生态系统。河底铺上生态砖，还便于河道清淤、通航。免烧免蒸养砖是以粉煤灰、石灰和水泥为主要原料，添加混合外加剂，不需要蒸养和蒸压。利用黄河泥沙生产免烧免蒸养黄河生态砖，技术仍不成熟，许多关键技术问题仍处于研究阶段。黄河水利科学研究院 2007 年通过农业科技成果转化资金项目"黄河下游滩区新农村建设生态建筑材料技术推广"，对免烧免蒸养黄河生态砖技术进行了研究，并与郑州太隆建筑材料有限公司合作建设了黄河泥沙生态砖生产示范基地，编制了《非烧结普通黄河泥沙砖》(Q/HNHK-001-2008)企业技术标准。

(4)加气混凝土砌块技术：蒸压加气混凝土砌块是以粉煤灰、石灰、水泥、石膏、矿渣等为主要原料，加入适量发气剂、调节剂、气泡稳定剂，经配料搅拌、浇注、静停、切割和高压蒸养等工艺过程而制成的一种多孔混凝土制品。蒸压加气混凝土砌块产品具有优越的特性，其单位体积重量是黏土砖的三分之一，保温性能是黏土砖的 3~4 倍，隔音性能是黏土砖的 2 倍，抗渗性能是黏土砖的 1 倍以上，耐火性能是钢筋混凝土的 6~8 倍，砌块的砌体强度约为砌块自身强度的 80%(红砖为 30%)，具有广泛的市场需求。

(5)人工防汛石材技术：黄河流域每年汛期前需要储备几十万方的防汛石料，由于石料开采逐渐受到限制，且运输费用显著提高，在实践中人们提出了利用黄河泥沙制作人造防汛石材的设想。利用黄河泥沙制作人工防汛石材是以黄河泥沙为主要原料，经一定工艺过程，生产出供黄河堤防抛根和护坡用的人工石材，以代替天然石材。这一方面可降低防汛抢险成本，另一方面可以保护山体，限制滥采山石，保护自然环境和生态环境。

(6)修复采煤沉陷区及充填开采技术：利用丰富的黄河泥沙资源进行采煤沉陷地的充填复垦是泥沙资源利用的主要方向之一，近年来一直在进行利用黄河泥沙恢复煤矿沉陷区的试验。同时，为了主动防范煤矿采空区的土地沉陷问题，近期开展利用黄河泥沙进行充填开采的煤矿开采技术的探索性研究。采空区充填是控制岩层破断移动和地表沉陷的最有效的方法，目前的充填开采主要有矸石直接充填技术、高水材料充填技术、膏体充填技术等。黄河泥沙充填开采适宜使用膏体充填开采技术。把黄河泥沙、工业炉渣等固体废弃物在地面加工成不需要脱水的牙膏状浆体，然后用充填泵或自流通过管道输送到井下，在直接顶主体尚未垮落前及时充填回采工作面后方采空区，形成以膏体充填、窄煤柱和老顶关键层构成的必要的覆岩支撑体系，达到固体废弃物资源化利用、控制开采引起的覆岩和地表破坏与沉陷、保护地下水资源、提高矿产资源采出率、改善矿山安全生产条件的目的。

(7)型砂加工技术：型砂是在铸造中用来造型的材料，一般由铸造用原砂、型砂黏结剂和辅加物等造型材料按一定的比例混合而成。型砂按所用黏结剂不同，可分为黏土砂、水玻璃砂、水泥砂、树脂砂等。以黏土砂、水玻璃砂及树脂砂用得最多。利用黄河泥沙，经过水洗、擦洗、烘干、筛选、级配等加工，形成不同规格的型砂，是湿型、干型、树脂砂、覆膜砂、水玻璃砂、芯用砂的首选用砂，更适用于外墙保温用砂。型砂的主要产品有铸造用水洗砂、擦洗砂、烘干砂、外墙保温用砂、各种规格的石英砂等。型砂加工是黄河泥沙资源利用的重要方向之一，对黄河泥沙的需求量很大，据不完全统计，郑州中牟地区年消耗黄河泥沙约 100 万 t，十几年来黄泛区范围内的沙丘几乎全部被挖掉。型砂的加工技术已基本成熟，但目前型砂生产企业面临的最大问题是原材料供应短缺。

(8)砂质中低产田土壤改良技术：利用黄河泥沙改良砂质中低产田，黏粒含量高的黄河泥沙掺入使原土壤的质地发生了改变，改善了土地的质地结构，改良后土地产量均有所提高。

5.2　库区粗泥沙动态落淤规律及其力学指标空间分布特征

5.2.1　库区粗泥沙动态落淤规律

根据水库淤积纵剖面形态和河床泥沙颗粒沿程分布特点，水库淤积物组成中，泥沙颗粒自上而下沿程逐渐细化。影响库区粗沙动态落淤的因素主要包括入库水沙条件、库区边界条件、排沙条件等，以小浪底水库为例分析其规律。

小浪底水库运行以来，主要排沙形式为洪水期异重流排沙或异重流形成的浑水水库排沙，洪水包括人造洪水和自然洪水。2004～2015 年汛前调水调沙为人造洪水排沙，2007年、2010 年、2012 年、2018 年汛期调水调沙为通过水库调控利用自然洪水排沙。

不同排沙情况下进出库泥沙及淤积物组成情况见图 5-1～图 5-3，可知：①受入库水沙条件影响，汛前和汛期调水调沙均排沙、仅汛前调水调沙排沙以及未排沙年份的粗沙分别占入库沙量的 28%、26%和 21%，细沙分别占入库沙量的 51%、50%和 61%，中沙比例最小，分别为 21%、23%和 18%。由于异重流排沙以细沙为主，因此出库泥沙中粗沙比例较低，如汛前和汛期调水调沙均排沙、仅汛前调水调沙排沙的年份细沙分别占出

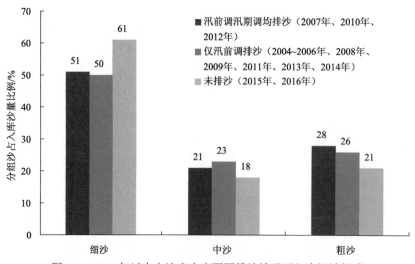

图 5-1　2004 年以来小浪底水库不同排沙情况下入库泥沙组成

注：图中个别数据因数值修约略有误差

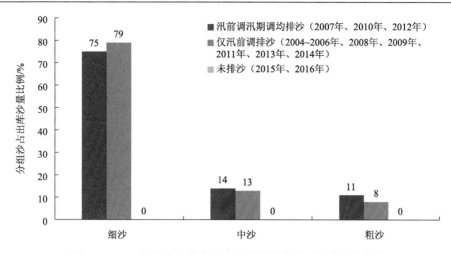

图 5-2　2004 年以来小浪底水库不同排沙情况下出库泥沙组成

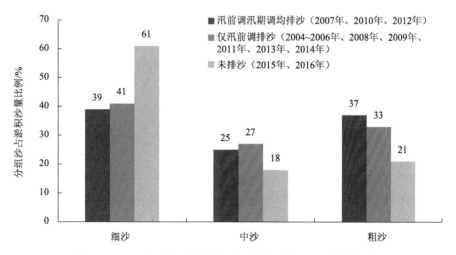

图 5-3　2004 年以来小浪底水库不同排沙情况下淤积物组成

注：图中个别数据因数值修约略有误差

库沙量的 11%、8%。②受排沙条件影响，库区淤积物组成差别较大。未排沙年份库区淤积物中粗沙比例最低，仅为 21%，与之相比，仅汛前调水调沙排沙、汛前和汛期调水调沙均排沙的年份淤积物中粗沙比例明显提高，分别为 33%、37%。

在汛期中游发生洪水的条件下，小浪底水库将实时降低库水位，使三角洲顶波段发生沿程及溯源冲刷，调整淤积物的分布，入库水流挟带的粗泥沙会落淤、淤积物中的细沙会被冲起，在水流的作用下粗细沙交换后细沙排沙出库。选取 2008 年(排沙比小于 1)、2010 年(排沙比大于 1)两个典型年汛前调水调沙小浪底水库排沙实测资料，进一步分析库区粗沙动态落淤规律，水库入出库、淤积泥沙的分组沙统计见表 5-5。由表 5-5 可知，①粗沙、中沙均在库区造成淤积，粗沙淤积最大；2008 年、2010 年汛前调水调沙期间库区粗沙淤积占入库沙量比例分别为 86.48%、41.1%；②细沙不但没有在库区淤积，而且三角洲顶坡段的冲刷作用还带走了前期淤积的细沙，2008 年汛前调水调沙期间库区细沙淤积量减少了 0.122 亿 t、2010 年减少了 0.230 亿 t。

表 5-5 2008 年、2010 年汛前调水调沙期间水库入出库、淤积泥沙的分组沙统计

年份	时段 （月.日）	级配	入库沙量 /亿 t	出库沙量 /亿 t	淤积量 /亿 t	排沙比 /%
2008	6.27～7.3	细沙	0.239	0.361	−0.122	150.97
		中沙	0.208	0.057	0.151	27.37
		粗沙	0.294	0.040	0.254	13.52
		全沙	0.741	0.458	0.283	61.81
2010	7.4～7.7	细沙	0.126	0.356	−0.230	282.7
		中沙	0.117	0.094	0.023	80.5
		粗沙	0.175	0.103	0.072	58.9
		全沙	0.418	0.553	−0.135	132.3

小浪底水库 2004～2010 年汛前异重流排沙期分组沙排沙比与全沙排沙比的关系见图 5-4。

由表 5-5、图 5-4 可知：①随着排沙比的增大，分组沙的排沙比也在增大，粗沙增加幅度最小，2007 年为 5.87%，2008 年为 7.32%，2010 为 85.16%；细沙增加幅度最大，2007 年为 79.84%，2008 年为 150.97%，2010 年高达 255.17%；②2008 年、2010 年出库细沙量之所以大于入库细沙量，是因为库区三角洲面发生了冲刷，补充了形成异重流的沙源，同时也表明三角洲顶坡段淤积的泥沙偏细；③随着出库排沙比的增大，细沙所占比例有减小的趋势，粗沙和中沙所占比例有所增大。

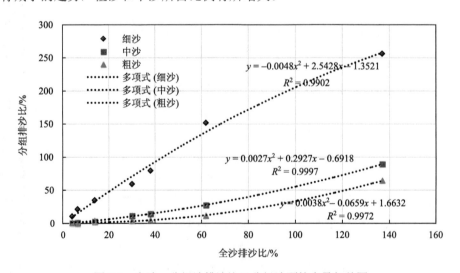

图 5-4 全沙、分组沙排沙比及分组沙颗粒含量相关图

5.2.2　库区淤积泥沙物理化学特性及力学指标空间分布特征

根据环刀法、烘干法等方法对青铜峡水库、三门峡水库、小浪底水库取得的深层低扰动泥沙样本进行研究，分析了淤积泥沙级配、湿密度、干密度、含水率等力学指标空间分布特征。

青铜峡水库河床质泥沙组成沿程分布见图 5-5。①所有采样点的河床质级配无论是粗沙还是细沙，中数粒径和平均粒径接近，泥沙颗粒组成比较均匀。②大多数断面级配横向分布是左右细（0.025～0.065 mm）、中泓粗（0.125～0.294 mm）。纵向分布是下游细、中上游粗。③中数粒径范围：QT2～QT6 断面为 0.032～0.051 mm，QT6～QT12 断面左右为 0.024～0.052 mm、中泓为 0.130～0.216 mm，QT14、QT18 断面为 0.028～0.064 mm，QT16 断面左右为 0.250 mm、中泓为 0.028 mm，QT20～QT24 断面左右为 0.031～0.14 mm、中泓为 0.269 mm，QT24～QT28 断面为 5.20～7.70 mm。

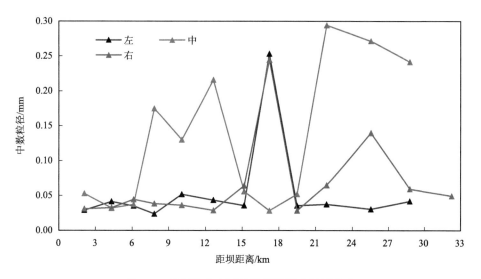

图 5-5　青铜峡水库河床质泥沙组成沿程分布

三门峡水库河床质泥沙中值粒径沿程垂向变化情况见图 5-6。三门峡水库的泥沙中值粒径整体较小，泥沙中值粒径范围均在 0.30 mm 以内，且绝大部分泥沙的中值粒径集中在 0.05 mm 范围内。从垂向变化上看，部分断面位置的泥沙呈现随深度增加、粒径变粗的现象，如 HY02、HY15、HY20 等，有些断面位置泥沙比较均匀，粒径随深度变化不大。从沿程分布来看，水库上游断面泥沙中值粒径整体明显偏粗，下游断面泥沙中值粒径整体较小。

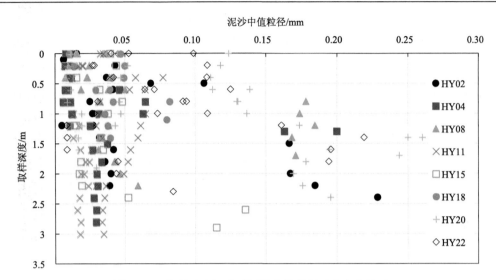

图 5-6　三门峡水库河床质泥沙中值粒径垂向变化情况

　　小浪底水库河床质泥沙中值粒径沿程垂向变化情况见图 5-7。小浪底水库的泥沙整体粒径较小，泥沙中值粒径范围均在 0.25 mm 以内，且绝大部分泥沙的中值粒径集中在 0.05 mm 范围内。从垂向变化看，规律不明显，有的断面随深度增加逐渐变细，如 HH38；有的断面随深度增加逐渐变粗，如 HH32；还有一些沿程变化不大，如 HH28 和 HH40。从沿程分布来看，水库上游 HH44、HH42、HH40、HH38 等断面位置的泥沙中值粒径明显偏粗，HH32 断面以下库区范围内泥沙的中值粒径较小，特别是 HH20～HH6 断面，泥沙粒径逐渐变细，多集中在 0.05 mm 以下。

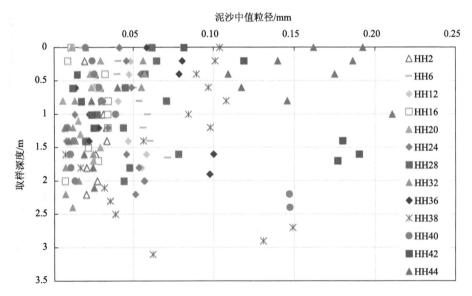

图 5-7　小浪底水库河床质泥沙中值粒径沿程垂向分布图

三门峡、小浪底水库库区泥沙密度、含水率变化情况分别见图5-8和图5-9,可知:①水库淤积泥沙湿密度整体变化范围不大,三门峡、小浪底水库泥沙湿密度平均值均为1.95g/cm³;②干密度的变化呈现出随着远离大坝的方向略增大的趋势,三门峡、小浪底水库泥沙干密度平均值分别为1.52g/cm³、1.48g/cm³;③含水率的变化呈现出随着远离大坝的方向有减小的趋势,三门峡、小浪底水库泥沙含水率平均值分别为28.69%、32.39%。

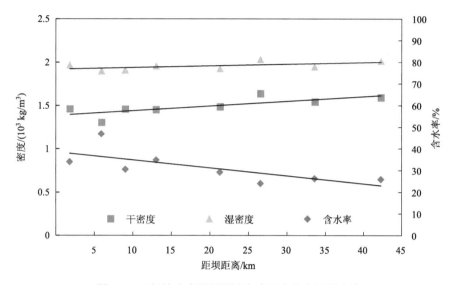

图5-8　三门峡水库淤积泥沙密度及含水率沿程变化

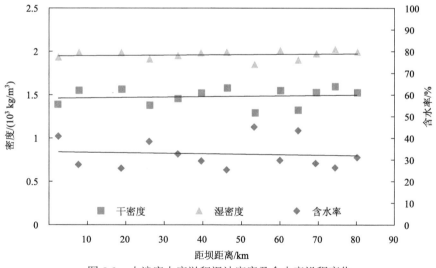

图5-9　小浪底水库淤积泥沙密度及含水率沿程变化

5.2.3　水库泥沙资源利用的空间范围

1. 青铜峡水库

青铜峡水库自1966年建成至今已运行53年,泥沙淤积严重,累计淤积量约5.75亿m³,

总库容仅剩 0.31 亿 m³，库容淤损高达 95%，严重影响了宁夏河段防洪安全、青铜峡灌区生产生态用水安全以及银川都市圈河西地区供水安全。青铜峡水库库区内无河道整治工程，综合考虑青铜峡水库库区、取水安全、湿地保护、大坝安全等因素，库区泥沙资源可利用范围以 1967 年河道前地形为初始边界，淤积在库区内的泥沙部分作为可利用泥沙。

分析 1967 年和 2018 年青铜峡水库实测大断面资料，在划定的可利用泥沙资源范围内共有泥沙 1.866 亿 m³，其中泥沙粒径大于 0.050 mm 的粗沙为 0.582 亿 m³，约占 31.2%；泥沙粒径介于 0.025～0.050 mm 的中沙为 1.016 亿 m³，约占 54.4%；泥沙粒径小于 0.025 mm 的细沙为 0.268 亿 m³，约占 14.4%。泥沙资源主要集中在 22 断面至大坝之间，见表 5-6。

表 5-6　青铜峡水库可利用泥沙资源空间分布　　　　（单位：亿 m³）

不同粒径泥沙	QT00 至 QT06	QT06 至 QT13	QT13 至 QT18	QT18 至 QT22	合计
粗沙	—	0.143	0.169	0.270	0.582
中沙	0.088	0.274	0.334	0.320	1.016
细沙	0.138	0.082	0.048	—	0.268
总量	0.226	0.499	0.551	0.590	1.866

2. 万家寨水库

万家寨水库运行以来，966 m 以上泥沙淤积主要发生在 2011 年以前，2011 年之后基本维持冲淤平衡，966～979.1 m 淤损的 0.322 亿 m³ 防洪库容没有得到有效恢复。万家寨水库库区内无河道整治工程，库区泥沙资源可利用范围以 1997 年建库前地形为初始边界，淤积在库区内的泥沙均可作为可利用泥沙。

分析 1997 年和 2018 年万家寨水库实测大断面资料，在划定的可利用泥沙资源范围内共有泥沙 4.540 亿 m³，其中泥沙粒径大于 0.050 mm 的粗沙为 1.338 亿 m³，约占 29.5%；泥沙粒径介于 0.025～0.050 mm 的中沙为 1.222 亿 m³，约占 26.9%；泥沙粒径小于 0.025 mm 的细沙为 1.984 亿 m³，约占 43.7%。泥沙资源主要集中在 WD54 断面至大坝之间，见表 5-7。

表 5-7　万家寨水库可利用泥沙资源空间分布　　　　（单位：亿 m³）

不同粒径泥沙	WD01 至 WD23	WD23 至 WD54	WD54 至 WD64	WD64 至 WD72	合计
粗沙	0.623	0.715	—	—	1.338
中沙	0.758	0.464	—	—	1.222
细沙	1.403	0.581	—	—	1.984
总量	2.784	1.760	0.006	−0.011	4.540

注：表中个别数据因修约略有误差。

3. 三门峡水库

2013 年以来，三门峡水库黄淤 36 至黄淤 41 断面总体呈淤积抬升趋势，在目前枯水、枯沙条件下，保持潼关河床的冲淤平衡形势依然严峻。综合考虑三门峡水库库区内河道整治工程安全、取水安全、湿地保护、大坝安全等因素，以三门峡水库建库前（1960 年汛前）地形为初始边界，淤积在库区 318 m 高程以下泥沙均可作为可利用泥沙。

分析 1960 年和 2018 年三门峡水库实测大断面资料，在划定的可利用泥沙资源范围内共有泥沙 14.802 亿 m^3，其中泥沙粒径大于 0.050 mm 的粗沙为 8.565 亿 m^3，约占 57.9%；泥沙粒径介于 0.025～0.050 mm 的中沙为 2.535 亿 m^3，约占 17.1%；泥沙粒径小于 0.025 mm 的细沙为 3.702 亿 m^3，约占 25.0%，见表 5-8。

表 5-8　三门峡水库可利用泥沙资源空间分布　　　　　（单位：亿 m^3）

不同粒径泥沙	HY1 至 HY12	HY12 至 HY22	HY22 至 HY30	HY30 至 HY36	HY36 至 HY41	合计
粗沙	0.709	2.420	3.052	1.505	0.878	8.564
中沙	0.578	1.085	0.511	0.234	0.127	2.535
细沙	1.153	1.591	0.692	0.209	0.058	3.703
总量	2.440	5.096	4.255	1.948	1.063	14.802

注：表中个别数据因修约略有误差。

4. 小浪底水库

小浪底库区支流众多，原始库容大于 1 亿 m^3 的支流有 11 条，正常蓄水位 275 m 高程以下支流总原始库容达 52.6 亿 m^3，占水库总库容的 41.3%。2014 年 10 月库区实测资料表明，小浪底水库畛水支流拦门沙坎高度已达 10.1 m，另外小浪底水库拦沙后期实体模型试验结果表明，畛水支流拦门沙坎高度最终将达约 30 m，支流库容是否有效利用对水库的综合利用效益有重大影响。小浪底水库库区内无河道整治工程，库区泥沙资源可利用范围以 1999 年建库前地形为初始边界，淤积在库区内的泥沙均可作为可利用泥沙。

分析 1999 年和 2018 年小浪底水库实测大断面资料，在划定的可利用泥沙资源范围内共有泥沙 24.66 亿 m^3，其中泥沙粒径大于 0.050 mm 的粗沙为 9.07 亿 m^3，约占 36.8%；泥沙粒径介于 0.025～0.050 mm 的中沙为 7.80 亿 m^3，约占 31.6%；泥沙粒径小于 0.025 mm 的细沙为 7.79 亿 m^3，约占 31.6%。泥沙资源主要集中在 HH44 断面至大坝之间，见表 5-9。

表 5-9　小浪底水库可利用泥沙资源空间分布　　　　　　（单位：亿 m³）

不同粒径泥沙	HH0 至 HH12	HH12 至 HH24	HH24 至 HH32	HH32 至 HH44	HH44 至 HH56	合计
粗沙	4.18	1.77	1.49	1.44	0.19	9.07
中沙	3.77	2.31	1.03	0.65	0.04	7.80
细沙	2.17	2.83	1.37	1.35	0.07	7.79
总量	10.12	6.91	3.89	3.44	0.30	24.66

5.3　泥沙资源利用与水库泥沙动态调控的互馈机制

5.3.1　泥沙资源利用对水库泥沙动态调控的影响

1. 水库泥沙资源利用对库区排沙的影响

水库是泥沙的天然分选场所，在泥沙的自然分选作用下，粗沙大量淤积在库尾，比较细的泥沙则集中在坝前淤积。通过泥沙资源措施可以重新调整水库淤积形态和床沙级配，在恢复库容的同时有效提升水库排沙效率。现以小浪底水库为例，计算水库泥沙资源利用对水库泥沙动态调控的影响。

分别选取 2017 年汛期小浪底水库无排沙、2019 年小浪底水库排沙较多两个典型年为代表，分别按照在小浪底水库汛前地形基础上清淤长度为 HH36 至 HH49 断面，清淤深度为相应断面平行降低 1 m、2 m、3 m、4 m、5 m 五种设计方案以及汛期水沙过程、汛期运行水位等实测资料为控制条件进行模拟计算。计算得到的 2017 年汛后小浪底水库五种设计方案纵剖面变化见图 5-10、累积淤积量见图 5-11，2019 年汛后小浪底水库五种设计方案纵剖面变化见图 5-12、累积淤积量见图 5-13。

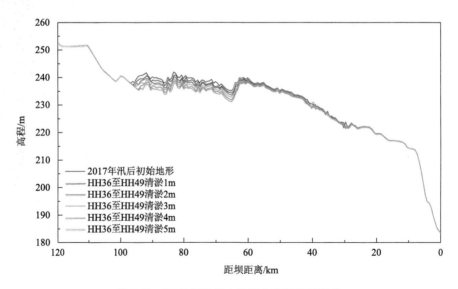

图 5-10　2017 年汛后小浪底水库纵剖面变化

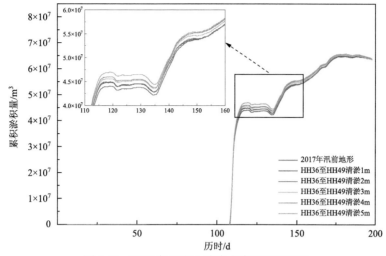

图 5-11　2017 年汛期小浪底水库累积淤积量

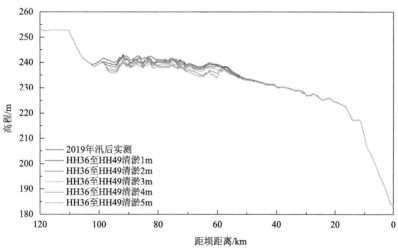

图 5-12　2019 年汛后小浪底水库纵剖面变化

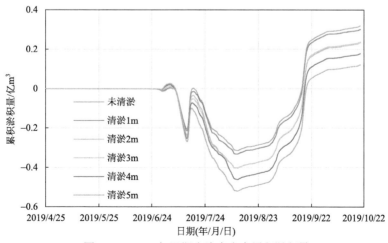

图 5-13　2019 年汛期小浪底水库累积淤积量

由图 5-10 和图 5-11 可知，2017 年基准条件下的五种方案，小浪底水库的淤积主要发生清淤河段内，清淤深度越深，淤积越明显，清淤位置下游的沿程淤积减弱得越明显。由于 2017 年小浪底水库来水来沙偏枯，不同清淤方案的累积淤积量随时间变化一致，库区均没有达到排沙条件，故而没有排沙。

2019 年基准条件下的五种方案，小浪底水库的淤积主要发生在清淤河段和坝前三角洲前坡段，清淤河段的下游发生了不同程度的冲刷。清淤深度和清淤量越大，相应清淤河段和其下游不同位置的淤积和冲刷也相应越大。2019 年小浪底水库来水来沙偏丰，汛期来沙 2.79 亿 t，不同清淤方案小浪底水库库区的淤积和冲刷随时间的变化差异明显，清淤强度越大，越有利于库区排沙效率的提升。根据图 5-14，如果在 HH36 至 HH49 库段整体清淤 5m，与不实施清淤的情况相比，库区淤积量由 0.32 亿 m³ 减少至 0.12 亿 m³，汛期排沙比由 84% 提高至 94%。这说明，在库区适当河段实施人工清淤能够显著提升水库的排沙效率，有利于水库有效库容的长期维持。

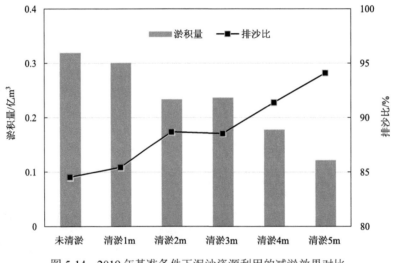

图 5-14　2019 年基准条件下泥沙资源利用的减淤效果对比

2. 水库泥沙资源利用对下游河道水沙输移的影响

在水流条件相同的情况下，如果通过泥沙资源利用将水库库尾粗沙清出水库，势必会降低出库泥沙颗粒级配，增加下游河道水流的输沙能力，减少河道泥沙淤积，提高过流能力。相反，如果水库库尾粗沙直接进入下游河道，势必会降低水流的输沙能力，增加河道泥沙淤积，降低过流能力。为此，以黄河下游河道为例，探讨小浪底水库库尾粗沙资源利用后多排细沙对下游河道水沙输移的影响。

以往研究表明，黄河下游河道的洪水淤积强度(即单位水量淤积量，负值为冲刷量)与含沙量的关系最为密切，具有"多来、多排、多淤"的特点。统计黄河下游平均流量大于 2000 m³/s 的洪水淤积强度与平均含沙量的关系(图 5-15)发现，洪水平均含沙量较低时河道发生冲刷，且随着含沙量的降低单位水量的冲刷量增大；当含沙量约大于35kg/m³后，基本上呈淤积状态，且水流含沙量越高，单位水量的淤积量越大。

为了定量分析不同来沙条件下洪水在下游河道的冲淤量，依据统计的场次洪水的平均流量、平均含沙量、细沙比例和洪水在下游河道中的淤积强度等参数，来建立河道冲淤与水沙条件的关系。综合分析表明，黄河下游洪水的淤积强度与洪水的平均含沙量关系最密切，同时受洪水平均流量大小的影响较大，来沙组成粗细程度也会受到一定影响。因此在建立淤积强度计算公式的过程中，将含沙量作为第一因子，流量作为第二因子，细沙比例作为第三因子。研究建立全下游的冲淤与水沙因子的关系为

$$\mathrm{d}S_{qxy} = \left(0.00032S_{\mathrm{shw}} - 0.00002Q_{\mathrm{shw}} + 0.65\right)S_{\mathrm{shw}} - 0.004Q_{\mathrm{shw}} - 0.2P_{\mathrm{shw}} - 10 \quad (5\text{-}1)$$

式中，$\mathrm{d}S_{qxy}$ 为全下游淤积强度；Q_{shw} 为进入下游平均流量；S_{shw} 为进入下游平均含沙量；P_{shw} 为进入下游细沙比例，计算值与实测值对比见图 5-16。

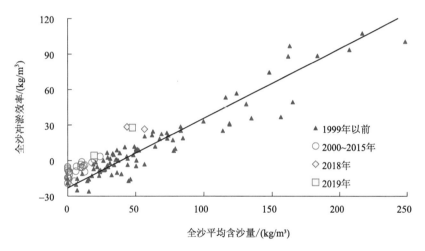

图 5-15 全沙冲淤效率随全沙平均含沙量的变化

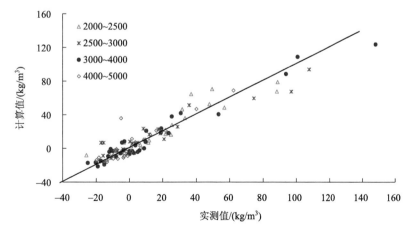

图 5-16 场次洪水淤积强度计算值与实测值对比图

2006 年以来小浪底水库集中排沙时段下游河道淤积强度与平均含沙量关系见图 5-17。由图 5-15、图 5-17 可知，2000 年小浪底水库运行以来的场次洪水淤积强度多数小于零，表明下游河道由持续淤积转为显著冲刷；个别年份（如 2018 年和 2019 年）发生淤积，与小浪底水库运行以前相比，相同含沙量条件下其下游淤积强度略微偏大，其主要原因是，下游河道的河床在过去 20 年粗化严重，自花园口至高村床沙平均粒径增加 2～4 倍。

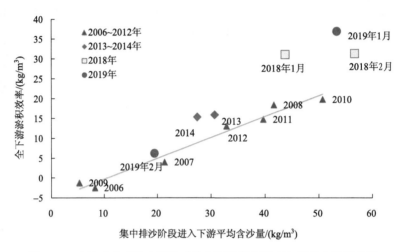

图 5-17　小浪底水库集中排沙时段全下游淤积效率与平均含沙量关系

上述实测资料研究表明，分组泥沙的淤积强度与分组泥沙含沙量的关系密切，二者呈线性关系，随着含沙量增加，淤积效率增大；同时流量大小受一定影响，平均流量小的洪水的细沙的淤积效率高。依据细沙淤积效率与平均含沙量和平均流量的关系（图 5-18），回归出细沙的淤积效率计算公式为

$$\mathrm{d}S_x = -5.1\frac{Q}{1000}\frac{S_x}{100} + 0.52S_x - 2\frac{Q}{1000} - 2.9 \tag{5-2}$$

式中，$\mathrm{d}S_x$ 为细沙的淤积强度，$\mathrm{kg/m^3}$；Q 为平均流量，$\mathrm{m^3/s}$；S_x 为细沙含沙量，$\mathrm{kg/m^3}$。利用式（5-2）计算的细沙淤积效率与实测值较一致，特别是当流量大于 2000 $\mathrm{m^3/s}$ 后，二者更为接近。对于流量小于 2000 $\mathrm{m^3/s}$ 的几场洪水，其计算值与实测值差别较大，主要是由于沿程流量衰减的影响。

小浪底水库运行以来，下游河道发生持续冲刷条件下，细沙的淤积效率较小浪底水库运用前偏大，主要是边界条件相对不利于输沙。中沙、粗沙的淤积效率与各分组泥沙含沙量同样呈线性关系，按照流量级的大小分带分布（图 5-19 和图 5-20）。以相同的方法建立中沙、粗沙的淤积效率计算公式为

$$\mathrm{d}S_z = -7.05\frac{Q}{1000}\frac{S_z}{100} + 0.85S_z - 1.5\frac{Q}{1000} - 2.2 \tag{5-3}$$

$$\mathrm{d}S_c = -9.07\frac{Q}{1000}\frac{S_c}{100} + 0.996S_c - 0.9\frac{Q}{1000} - 1.37 \tag{5-4}$$

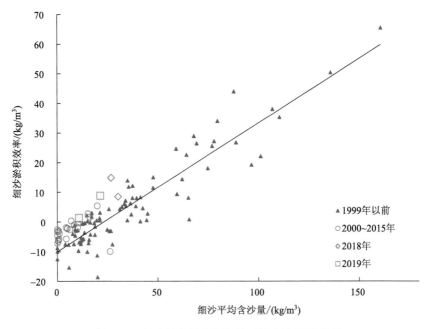

图 5-18　细沙淤积效率与细沙平均含沙量的关系

式中，dS_z、dS_c 为中沙和粗沙的淤积效率，kg/m^3；Q 为平均流量，m^3/s；S_z、S_c 为中沙和粗沙含沙量，kg/m^3。

特粗沙的淤积效率也同样与含沙量呈线性关系，但其受平均流量的影响不如其他粒径组泥沙明显。这是由于特粗沙的输沙能力较小，随着洪水流量级的增加，输沙能力增大的幅度小于其他粒径组。因此，建立特粗沙的淤积效率关系式时，可以不考虑流量对其影响，仅以特粗沙的平均含沙量作为影响因子。依据图 5-21，回归建立特粗沙淤积效率公式为

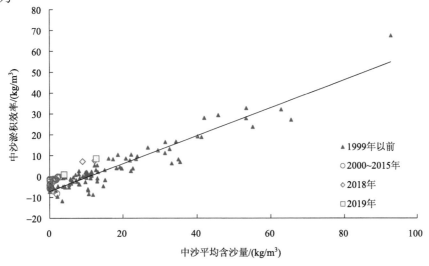

图 5-19　中沙淤积效率与中沙平均含沙量的关系

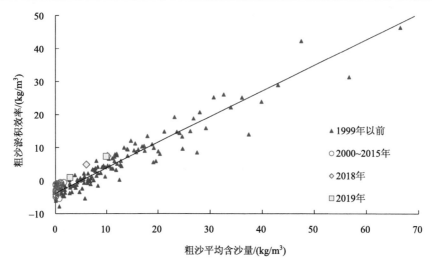

图 5-20　粗沙淤积效率与粗沙平均含沙量的关系

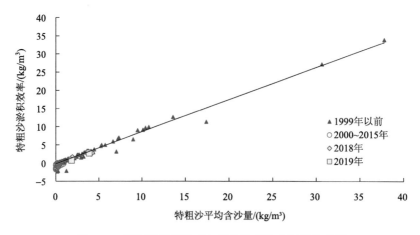

图 5-21　特粗沙淤积效率与特粗沙平均含沙量的关系

$$dS_{tc} = 0.89S_{tc} - 0.17 \tag{5-5}$$

式中，dS_{tc} 为特粗沙的淤积效率，kg/m^3；S_{tc} 为特粗沙含沙量，kg/m^3。

利用式(5-5)计算的特粗沙淤积效率与实测值的对比也非常一致。

综上，通过分析洪水过程中分组泥沙的淤积效率与各粒径组泥沙的平均含沙量的关系，可知细、中、粗和特粗沙四组泥沙与下游河道水沙输移关系均密切。下泄细沙占比增大，会进一步降低河道淤积强度，减缓河道淤积。这是因为，一方面细沙与床面交换后，能够抑制床面粗化，降低河道阻力；另一方面，细沙增加了浑水水流的黏性，降低了粗沙的沉速，进而提高了水流挟沙能力。因此，水库粗沙的资源利用通过改变进入下游细沙的占比，增加下游河道水流的细沙含量，减少下游河道的泥沙淤积。

5.3.2　水库泥沙资源利用空间格局对水库泥沙动态调控的影响

水库不同的泥沙调控方式直接影响库区泥沙淤积形态与粗、中、细泥沙的空间分布格局。"蓄清排浑、拦粗排细"的调度方式能够最大限度地拦截粗沙入库，为泥沙资源利用创造良好条件。以三门峡、小浪底水库为例，分析不同调度情境下水库粗、中、细泥沙冲淤量，阐明泥沙资源利用的空间配置格局发生的变化和因此造成的影响。

1. 三门峡水库不同运用期泥沙动态调控对泥沙资源利用空间配置的影响

三门峡水库自 1960 年 9 月建成投入运用以来经历了蓄水拦沙运用、滞洪排沙运用(含枢纽工程改建期)和蓄清排浑控制运用三种不同的运行方式。由于各个时期运用方式不同，库区粗沙、细沙量变化也不同。小浪底水库投入运行以前，不同运行期三门峡库区主要站各时段沙量变化情况见表 5-10，进出库站粗沙量占悬沙总量的比例计算结果见表 5-11。

1) 蓄水拦沙运用期

水库蓄水拦沙运用期间，库水位较高，泄流规模小，上游来沙基本淤积在库内，除洪水期以异重流形式排出少量细沙外，其他时间下泄清水。按进出库站悬移质输沙量统计计算，全库区淤积泥沙 27.95 亿 t，年均淤积 6.99 亿 t，其中粗沙淤积 7.75 亿 t，年均淤积 1.89 亿 t，淤积主要发生在潼关以下库区。此期间潼关站粗沙量占悬沙总量的 20.7%，三门峡站占 8.0%，主要是"拦粗排细"。

2) 滞洪排沙运用期

水库滞洪排沙运用期，出库沙量受水库泄洪能力和来水来沙条件的影响，如在一定的来水来沙条件下，如果水库的泄洪能力大，则出库的沙量就大。滞洪排沙运用期，潼关以上淤积，潼关以下冲刷。全库区共淤积 26.2 亿 t，潼关以上淤积 29.4 亿 t，其中粗沙淤积 13.4 亿 t，年均 1.34 亿 t；潼关以下库区共冲刷 3.18 亿 t，其中细沙淤积 0.99 亿 t，粗沙冲刷 4.17 亿 t。潼关站粗沙量占悬沙总量的 20.1%，三门峡站占 22.3%，已呈现出"拦细排粗"的排沙特性。

表 5-10　三门峡库区主要站不同时期输沙量统计　　　　　(单位：亿 t)

站名	1960~1963 年 (蓄水拦沙运用)			1964~1973 年 (滞洪排沙运用)			1974~1998 年 (蓄清排浑控制运用)		
	总沙量	粗沙量	细沙量	总沙量	粗沙量	细沙量	总沙量	粗沙量	细沙量
四站	46.9	9.1	37.8	183.3	44.3	139.0	236.9	49.7	187.2
潼关	43.5	9.0	34.5	153.9	30.8	123.1	228.8	45.5	183.3
三门峡	18.9	1.5	17.4	157.1	35.0	122.1	236.2	49.8	186.4

表 5-11　三门峡水库不同运用期进出库站粗泥沙量占悬沙总量的百分数统计（%）

运用时期	四站	潼关	三门峡	库区冲淤情况
1960～1963 年 （蓄水拦沙运用）	19.4	20.7	8.0	淤积
1964～1973 年 （滞洪排沙运用）	24.2	20.1	22.3	冲刷
1974～1998 年 （蓄清排浑控制运用）	21.0	19.9	21.1	平衡

　　3）蓄清排浑控制运用期

　　1974 年水库改为蓄清排浑控制运用方式，即非汛期蓄水，进行综合利用，进入汛期降低水位泄洪排沙。水库控制运用后，进、出库的水沙过程发生了变化。

　　（1）排沙特性分析。1973 年三门峡水库潼关以下库区已形成"高滩深槽"的断面形态。自 1974 年改为蓄清排浑控制运用后，利用洪水富余的输沙能力，不仅将洪水自身挟带的泥沙全部排出库外，而且还可以把非汛期淤积在库区的泥沙冲出水库，使运用年内潼关以下库区冲淤基本保持平衡。由表 5-10 可知，1974～1998 年蓄清排浑控制运用期间，四站入库悬沙总量为 236.9 亿 t，潼关站为 228.8 亿 t，三门峡站为 236.2 亿 t；潼关以上库区淤积 8.10 亿 t，其中粗沙为 4.20 亿 t，占淤积量的 51.9%；潼关以下库区冲刷 7.40 亿 t，其中粗沙为 4.30 亿 t。同期潼关站粗沙量占悬沙总量的 19.9%，三门峡站为 21.1%，排沙特性为"拦细排粗"。

　　（2）"拦细排粗"合理性分析。一般水库冲淤变化的特点是，淤积一大片，冲刷一条线。1973 年底以前，潼关以下库区已形成"高滩深槽"的断面形态，采用蓄清排浑控制运用方式以后，进入汛期，坝前水位降低，近坝段发生溯源冲刷，远离坝区段则发生沿程冲刷，两种冲刷形式都在槽内进行；洪水进库后，又加剧了上述两种冲刷强度，使前期淤积物冲出库外，达到运用年内冲淤基本平衡。当遇到大洪水或"蓄清"运用时，潼关以下部分滩地上水，漫滩水流的流速较小，所挟带的细沙中有一部分落淤在滩地上，形成槽滩皆淤；而"排浑"运用时，冲刷则仅限于槽内。如此循环往复，河槽内淤积的粗沙全部被冲走，滩地淤积的细沙则停滞不动；若来水量较大，河槽的冲刷量大于滩地的淤积量时，即出现"死滩活槽"的演变模式，产生"拦细排粗"的排沙效果。

　　2. 小浪底水库泥沙动态调控对泥沙资源利用空间配置的影响

　　水库不同的泥沙调控方式直接影响库区泥沙淤积形态与粗、中、细泥沙的空间分布格局。以小浪底水库为例，分析不同调度情境下水库粗、中、细泥沙的冲淤量，以此阐明水库泥沙动态调控对泥沙资源利用空间格局的影响。

　　小浪底水库运用以来，场次洪水排沙过程中进出库悬移质平均粒径变化范围较大。入库三门峡站洪水期悬移质粒径变化范围为 0.028～0.064 mm，平均为 0.042 mm；粗沙含量占比约 30.7%；出库小浪底站洪水期悬移质粒径变化范围为 0.009～0.046 mm，平均为 0.031 mm；粗沙含量占比约 23.4%。年度进出库悬移质平均粒径变化范围小于洪水期。入库三门峡站多年悬移质粒径变化范围为 0.030～0.042 mm，多年平均为 0.036 mm；多年平均粗沙含量占比约 25.8%；出库小浪底站多年悬移质粒径变化范围为 0.007～0.044 mm，多年平均为 0.029 mm；多年平均粗沙含量占比约 7.0%。

小浪底水库运用以来进出库悬移质平均粒径与排沙比及粗沙含量的关系见图 5-22 和图 5-23。可知，小浪底站悬移质平均粒径随水库排沙比的增大而增大。小浪底进、出库悬移质平均粒径与粗沙含量存在较好的正相关关系，其关系可以用式(5-6)来描述。因此，可利用该关系定量分析水库"拦粗-排细"排沙指标。

$$d_{pj}=0.0011a+0.0077 \tag{5-6}$$

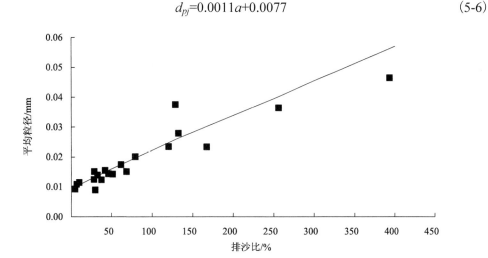

图 5-22　小浪底站平均粒径与排沙比的关系(场次洪水)

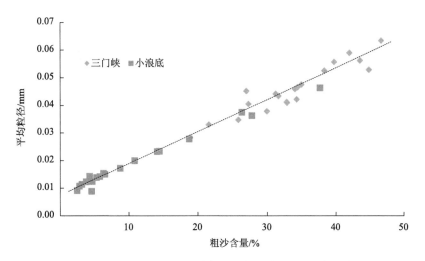

图 5-23　小浪底进出库泥沙平均粒径与粗沙含量的关系(场次洪水)

注：三门峡数据是小浪底的进库

式中，d_{pj} 为三门峡站、小浪底站场次洪水悬移质平均粒径，mm；a 为粗沙含量，%。

为更直观地描述水库粗沙动态落淤规律，拟采用出库与入库平均粒径比值 α 作为判别指标。当 $\alpha>1$ 时，说明水库排出库外的粗沙含量较高，大于入库含量；当 $\alpha<1$ 时，则说明水库排出库外的粗沙含量小于入库含量，而中、细沙较多；当 $\alpha=1$ 时，则说明进出库泥沙组成接近。小浪底水库场次洪水全沙排沙比与平均粒径比值 α 的关系见图5-24。

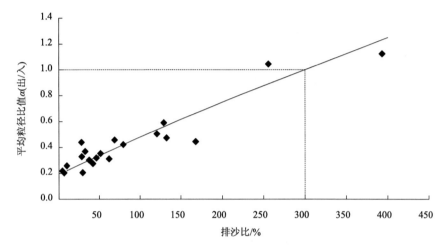

图 5-24　小浪底进出库平均粒径比值 α 与排沙比的关系(场次洪水)

由图 5-24 可知，α 随排沙比的增大而增大。根据拟合曲线可以得到，当全沙排沙比为 300%时，平均粒径比值 α 约为 1。表征出库泥沙和入库泥沙级配相同，多排出的 200%为前期淤积的粗、中、细沙。为了减少粗沙对下游的影响，当平均粒径比值 α 等于 1 时（全沙排沙比 300%），对应的坝前水位定为排沙期平均水位下限值。

小浪底水库分组沙排沙比与全沙排沙比关系见图 5-25。由图 5-25 可知，①随全沙排沙比增大，各分组沙排沙比不断增大。当全沙排沙比较小时，随着全沙排沙比增大，细沙排沙比增大相对较快，中沙次之，粗沙排沙比增大速度相对较慢；当全沙排沙比较大时，中、粗沙排沙比迅速增大，且增大幅度大于全沙排沙比，说明水库将绝大部分入库粗沙，甚至库区淤积中的粗沙排出库外。②当粗沙排沙比为 100%时，全沙排沙比为 170%；表征场次洪水来的粗沙全部被排出库，多出来的 70%为前期淤积的中、细沙，对应的坝前水位定为排沙期平均水位上限值。③当中沙排沙比为 100%时，全沙排沙比基本均为 130%；表征场次洪水的中、细沙全部被排出库，表征多出来的 30%为前期淤积的细沙，对应的坝前水位定为排沙期平均水位上限值。④当细沙排沙比为 100%时，全沙排沙比基本均为 50%。

小浪底水库不同排沙比对应的出库悬沙平均粒径及粗沙占比见表 5-12。由表 5-12 可知：①当排沙比为 300%时，出库平均粒径为 0.046 mm，出库粗泥沙占比约为 33.9%；该出库平均粒径不仅大于多年入库泥沙平均粒径 0.036 mm，也大于洪水期入库泥沙平均粒径 0.042 mm，出库粗沙占比也大于多年粗沙占比 25.8%和洪水期入库粗沙占比 30.7%。

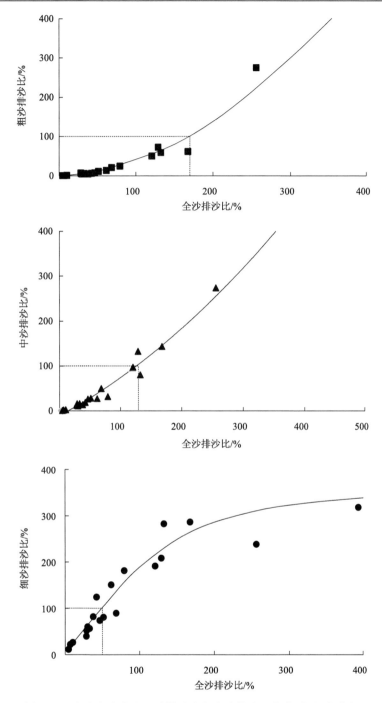

图 5-25　小浪底水库分组沙排沙比与全沙排沙比的关系(场次洪水)

　　这表明水库排沙比为 300%时，水库不仅输送洪水来沙，而且将前期淤积物中较多的粗沙排出库外。②当排沙比为 170%时，出库平均粒径为 0.030 mm，出库粗沙占比约为 19.9%；该出库平均粒径和粗沙含量均小于多年和场次洪水对应值；表明水库在输送该场洪水全部来沙的同时，还冲走水库前期淤积物中部分中、细沙。③当场次洪水水库排沙比等于130%时，中沙排沙比为100%，表明水库仅排出了该场洪水的中、细沙，洪水带来的部分粗沙仍淤积在水库；当水库排沙比小于130%时，中沙也将淤积，占用拦沙库容。④当场次洪水水库排沙比小于50%时，表明场次洪水带来的细沙也淤积在水库。

因排沙比增加而多排出的泥沙的平均粒径及粗沙占比见表5-13。由表5-13可知，①当场次排沙比由130%增大至170%时，粗沙排沙比达到100%，水库多排出的泥沙的平均粒径为0.042 mm，水库多排出的泥沙中粗沙占比为31.9%；该值接近洪水期入库泥沙平均粒径0.042 mm和粗沙平均含量30.7%。这也表明了多排出的泥沙组成接近洪水来沙，能更好地减少中、细沙占用拦沙库容，不会造成较大不利影响，因此，场次洪水排沙比为170%是较为合理的排沙上线。②当场次排沙比由170%增大至300%时，水库多排出的泥沙平均粒径为0.066 mm，水库多排出的泥沙中粗泥沙占比52.2%；该值明显大于洪水期入库泥沙的相应值。当场次排沙比由300%增大至350%时，水库多排出的泥沙的平均粒径为0.086 mm，水库多排出的泥沙中粗沙占比为72.4%；这表明因排沙比增大而多排出的泥沙较粗且占比较大，这部分泥沙容易在下游河道淤积。

表5-12　小浪底水库不同排沙比对应出库悬沙平均粒径及粗沙占比

排沙比/%	平均粒径/mm	粗沙占比/%
50	0.016	6.55
100	0.023	12.9
130	0.026	16.2
170	0.030	19.9
300	0.046	33.9
350	0.051	39.4

表5-13　因排沙比增大而多排出库的泥沙的平均粒径及粗沙占比

排沙比抬升比较/%	平均粒径/mm	粗沙占比/%
50～100	0.029	25.8
100～130	0.039	27.2
130～170	0.042	31.9
170～300	0.066	52.2
300～350	0.086	72.4

为了更直观地对比排沙比增大而产生的粗沙排沙效果，计算分析了2018年7月1日～26日和2019年7月7日～8月1日洪水期不同排沙比对应的出库沙量相关参数，见表5-14和表5-15。可知：①2018年7月1日～26日，入库沙量为1.675亿t，当排沙比为170%时，出库沙量为2.848亿t，其中粗沙为0.567亿t，占出库沙量的19.9%；当排沙比为300%时，出库沙量为5.025亿t，其中粗沙为1.703亿t，占出库沙量的33.9%。

当排沙比由 170%增加至 300%时，出库沙量增加 2.178 亿 t，其中粗沙增加 1.137 亿 t，占 52.2%，该值明显大于该场洪水实测入库粗沙含量 25.7%。②2019 年 7 月 7 日～8 月 1 日，当排沙比由 170%增大至 300%时，出库沙量增加 1.486 亿 t，其中粗沙量增加 0.776 亿 t，粗沙含量也明显大于该场洪水实测入库粗沙占比 37.6%。

表 5-14　2018 年 7 月 1 日～26 日洪水期不同排沙比计算对应的出库沙量参数

| 入库沙量/亿 t | 排沙比/% | 出库粗沙占比/% | 出库沙量/亿 t | 出库粗沙量/亿 t | 排沙比增大而多排出库的沙量及粗沙占比 | | |
					多排出库的沙量/亿 t	多排出库的粗沙量/亿 t	粗沙占比/%
	50	6.6	0.838	0.055	—	—	—
	100	12.9	1.675	0.216	0.838	0.161	19.3
1.675	130	16.2	2.178	0.353	0.530	0.137	27.2
	170	19.9	2.848	0.567	0.670	0.214	31.9
	300	33.9	5.025	1.703	2.178	1.137	52.2
	350	39.4	5.863	2.310	0.837	0.606	72.4

表 5-15　2019 年 7 月 7 日～8 月 1 日洪水期不同排沙比计算对应出库沙量参数

| 入库沙量/亿 t | 排沙比/% | 出库粗沙占比/% | 出库沙量/亿 t | 出库粗沙量/亿 t | 排沙比增大而多排出库的沙量及粗沙占比 | | |
					多排出库的沙量/亿 t	多排出库的粗沙量/亿 t	粗沙占比/%
	50	6.6	0.572	0.037	—	—	—
	100	12.9	1.143	0.147	0.572	0.110	19.3
1.143	130	16.2	1.486	0.241	0.343	0.093	27.2
	170	19.9	1.943	0.387	0.457	0.146	31.9
	300	33.9	3.429	1.152	1.486	0.776	52.2
	350	39.4	4.001	1.576	0.572	0.414	72.4

5.3.3　泥沙资源利用与调控的互馈机制

随着人们资源和生态环境价值观的改变，世界各国在发展经济的同时越来越重视环境对经济发展、人类繁衍、生态平衡所起的重要作用，纷纷采取措施来进行环境保护，对资源开采利用和环境保护要求越来越严格，传统砂石产业经营基本被严厉限制。近年来，我国在生态文明、乡村振兴等国家战略指引下，生态环境保护措施和力度进一步加强，城市与乡村基础设施建设步伐进一步加快，泥沙作为一种可利用资源逐渐被人们认识、接纳和重视，尤其黄河泥沙的资源属性和经济价值逐渐显现。

黄河水沙的严重不协调性导致单靠水动力无法完全解决水库淤积问题，水库泥沙处理和资源利用等强人工措施必须作为泥沙动态调控的有效补充手段。因此，急需耦合水动力调控技术与强人工措施处理水库泥沙成套技术，建立基于泥沙资源利用的水库水动力-强人工措施有机结合机制。把水库泥沙-泥沙动态调控-泥沙资源利用看作由水库泥沙子系统、泥沙动态调控子系统和泥沙资源利用子系统组成的复杂系统，子系统之间存在相互关联和制约的和谐依存关系(图 5-26)。通过泥沙动态调控水动力措施，不仅可以实现"拦粗排细"运用、优化库区淤积形态、有效库容长期保持、控制粗中细泥沙空间分布，而且可以为泥沙资源利用提供分选场所；通过泥沙资源利用强人工措施，不仅可以有效恢复淤损库容、优化库区淤积形态、减少粗泥沙出库比例、提供地方经济建设所需泥沙资源，而且可以为泥沙动态调控提供调度空间。

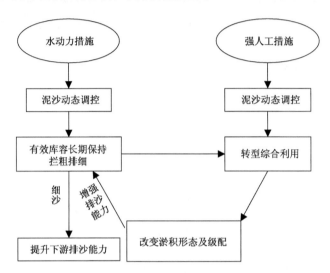

图 5-26　水库泥沙动态调控与泥沙资源利用互馈机制框架图

　　水库泥沙动态调控与泥沙资源利用的互馈可谓是多方面的，效益是多重的。为了简便，根据上述计算结果进一步统计水库泥沙动态调控增大的排沙效果与泥沙资源可利用量的增加之间的关系，示例如图 5-27 所示，它们存在明显的正相关关系。以 HH36 至

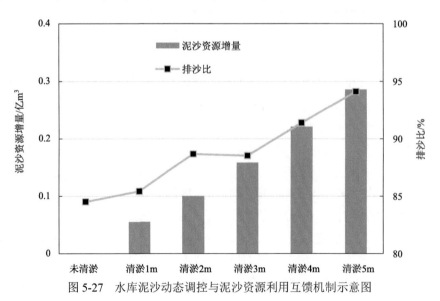

图 5-27　水库泥沙动态调控与泥沙资源利用互馈机制示意图

HH49 库段未清淤情况为参照,按前述清淤 1～5m 情形下 2019 年汛后该库段增加的淤积量作为泥沙资源可利用量的增量,随着泥沙资源利用强度的增大,后续该库段淤积量增加,从而使得泥沙资源利用量获得增量,同时向下游输运的粗沙减少,下游库段排沙比增大,泥沙资源利用与水库泥沙动态调控之间存在协同促进的作用。再加上下游河道的减淤效益、水利枢纽的发电效益、供水效益、生态环境效益等,其倍增效益将十分可观。本次研究仅提供一个研究思路,留待感兴趣的同仁继续探讨。

5.4　水库泥沙资源利用的长远效益与良性运行机制

5.4.1　水库泥沙资源利用的长远效益

1. 黄河下游河道淤积泥沙主要来自少数几场高含沙洪水

据 1965～1977 年 12 场高含沙洪水资料统计,其在下游造成的淤积共 29.335 亿 t,占 1965 年 11 月～1980 年 10 月下游河道总淤积量 43.510 亿 t 的 67.42%,其中高村以上淤积 25.159 亿 t,占 12 场高含沙洪水淤积量的 86%。可见黄河下游河道淤积泥沙主要来自少数几场高含沙洪水。

韩其为指出,三门峡水库对黄河下游发挥了巨大的防洪效益,其防洪效益不在于水库调洪,而在于拦沙 92 亿 t、为下游河道减淤约 64 亿 t,平均减淤厚度为 3.30 m,这是很大的防洪效益,但是这个效益是以三门峡水库淤积为代价的。在水库淤积满了以后,其对下游的防洪效益就很小了。在目前的技术水平下,如果能将水库淤积的泥沙作为一种资源利用掉,则可以长期保持水库的有效库容,进一步发挥水库拦沙减淤的防洪效益。

2. 水库是黄河泥沙的收纳箱和天然分选场

黄河上的水库除肩负少沙河流水库“防洪、灌溉、供水、发电”任务外,还承担着“截沙、拦沙、排沙”的重要使命。大量泥沙淤积在库区,使水库库容淤损、防洪减淤发电等功能减弱,但为泥沙的分选提供了一个天然的最佳场所。由于水流对泥沙的自然分选作用,粗沙大量淤积在库尾、比较细的泥沙则在坝前淤积,因此可以根据分选后的泥沙级配,有针对性地开展泥沙资源利用。

以小浪底水库为例,根据实测资料,距离小浪底大坝 40 km 以内的库区是细沙的主要沉积区,水深在 60 m 以上;距离小浪底大坝 100 km 的库尾主要是粗沙沉积区,水深一般为 8～15 m;两区之间是粗细泥沙过渡区,水深 15～60 m。库区淤积物组成分布呈规律性沿程变化,距坝越近泥沙中值粒径越小。在距坝 115.13～74.38 km,淤积物中值粒径从 0.122 mm 沿程急剧减小到 0.017 mm,细沙的沙重百分数也从 11.7% 急剧增大到 67.6%;距坝 13.99 km 以下的坝前淤积段,淤积物中值粒径基本维持在 0.007 mm 以下,细沙的沙重百分数均在 86% 以上。

3. 泥沙资源利用可使水库持续发挥其拦沙效益

据不完全统计，1990 年黄河干支流上水库总淤积量约为 115.5 亿 m^3，其中大型水库淤积量约 96.3 亿 m^3、中型水库约 14.2 亿 m^3。目前许多水库淤积均超过总库容的一半，大大制约了水库效能的发挥，有的甚至失去应有的作用。黄河干流上修建的第一座水利枢纽三门峡水库建成运用后，因库区淤积严重而被迫多次改建，并改变运用方式，使水库功能至今无法充分发挥。

为长期保持水库效能，以往对水库泥沙处理的研究实践都偏重排沙出库，而排沙只能选择在洪水期间。在这种水库调度思路下，当发生高含沙洪水时，水库为避免库容的快速淤损，对高含沙洪水一般不拦蓄，直接排入下游；排入下游的高含沙洪水，必然造成下游河床的淤积抬高，水库的减淤效益很难有效发挥。水库泥沙资源利用为水库拦沙减淤效益的持续发挥创造了条件，一方面目前技术手段可以实现水库泥沙的大规模资源利用，另一方面经济社会的发展使水库淤积泥沙作为一种资源被利用的需求越来越广泛。因此，大力开展水库泥沙资源利用对实现黄河的长治久安和沿黄经济社会可持续发展具有重要意义。

4. 水库泥沙资源集中利用的长远效应

黄河水资源的严重匮乏使得泥沙问题更加突出，同时严重的泥沙问题使得黄河的水资源显得更加宝贵。"水少、沙多、水沙关系不协调"一直是黄河难治的根源。随着气候变化和人类活动对下垫面的影响，以及工农业生产和城乡生活对黄河水资源的需求大幅度增加，未来即使实行最严格的水资源管理制度，经济社会用水仍呈持续增长的趋势，"水少、沙多"的矛盾更加突出。单纯依靠调水调沙无法从根本上解决黄河下游巨量泥沙的输移以及由此带来的河床抬高、防洪形势日趋严重的问题。作为黄河泥沙处理的新方向，泥沙资源利用无论量级多大，它是唯一实现泥沙进入黄河后，有效减沙的技术途径，其巨大的效应不仅体现在黄河健康生命的维持及长治久安愿景的实现，同时也符合国家的产业政策，具有重大的社会经济、环境生态及民生意义。

1）小浪底水库拦蓄高含沙洪水效应

小浪底水库现行对高含沙洪水的调度模式，主要基于防洪安全考虑，按出入库平衡或敞泄模式调度，这种调度模式一方面容易造成下游河道的大量淤积，另一方面洪水漫滩，对滩区造成较大的淹没损失。如果从泥沙资源利用的角度出发，优化现有水库对高含沙洪水的调度模式，在保证水库和下游河道防洪安全的前提下，将部分高含沙洪水拦蓄在水库内，控制下泄流量不漫滩，有可能创造较大的减淤效应及经济效益。

通过数学模型计算"1977·8"洪水两种调度模式下水库拦沙、排沙情况，结果见表 5-16，两种运用模式下下游河道的冲淤变化情况见表 5-17，两种运用模式下下游滩区淹没情况见表 5-18。由表 5-18 可知，泥沙资源利用调度模式下，水库多拦蓄泥沙 2.34 亿 t，下游河道可多减淤 1.33 亿 t，同时滩区淹没损失减少 8.90 亿元。对水库多拦蓄的 2.34 亿 t

泥沙，在现有水库泥沙处理技术水平下，需花费 4.68 亿元排出库区至合适地点，远小于减少的滩区淹没损失，这还未考虑下游河道减淤 1.33 亿 t 及库区处理的泥沙资源利用的效应，以及避免滩区居民被淹带来的巨大社会效应。因此，从泥沙资源利用角度，利用水库拦蓄高含沙洪水，具有巨大的社会效应、防洪减淤效应和经济效应。

表 5-16　"1977·8" 洪水两种运用模式下水库拦沙、排沙统计

运用方式	总来沙量/亿 t	排沙量/亿 t	库区淤积量/亿 t	水库排沙比
现行调度模式	10.476	5.187	5.289	0.473
泥沙资源利用模式	10.476	2.848	7.628	0.259

表 5-17　"1977·8" 洪水两种运用模式下下游河道冲淤情况　　（单位：亿 t）

模式	小浪底至利津	小浪底至花园口	花园口至夹河滩	夹河滩至高村	高村至孙口	孙口至艾山	艾山至泺口	泺口至利津
现行调度模式	2.706	1.690	0.323	0.158	0.204	0.078	0.071	0.181
泥沙资源利用模式	1.379	0.998	0.127	0.056	0.068	0.030	0.021	0.078

表 5-18　"1977·8" 洪水两种运用模式下滩区淹没损失估算

模式	花园口洪峰流量/(m³/s)	淹没滩区面积/km²	淹没滩区耕地面积/万 hm²	受灾人口/万人	淹没损失/亿元
现行调度模式	7519	1079.57	6.95	31.32	9.99
泥沙资源利用模式	4485	115.49	0.76	0	1.09

2）水库泥沙资源集中利用的长远效应

据初步调查分析，河南沿黄地区泥沙资源利用潜力年均可达 2.2 亿 t，如果考虑未来黄土高原地区的水利水保措施减沙效应和黄河水沙调控体系的联合调控效应，水库泥沙资源利用的长远效应一定能为黄河"河床不抬高"美好愿景的实现做出更大贡献。

为了对水库泥沙资源利用的长远效应有一个清晰的概念，基于"黄河下游河道改造与滩区治理研究"项目近期给出的 50 年系列水沙过程"8 亿 t"方案，保持水量不变，同比减少沙量给出了"6 亿 t""3 亿 t""2 亿 t"方案。其中"6 亿 t"方案可以看作在下游年均来沙 7.7 亿 t 情况下，水库通过泥沙资源利用，每年多拦蓄 1.7 亿 t 泥沙；"3 亿 t""2 亿 t"方案可以分别看作在下游年均来沙 7.7 亿 t 或 6.0 亿 t 情况下，水库通过泥沙资源利用，每年多拦蓄 4.7 亿 t、5.7 亿 t 或 3.0 亿 t、4.0 亿 t 泥沙。

4 个方案下游各河段年均冲淤量对比情况见表 5-19。可知，从泥沙资源利用的长远效应看，在进入下游沙量年均 7.7 亿 t 情况下，如果通过水库泥沙资源利用，水库每年多拦蓄 1.7 亿 t、4.7 亿 t、5.7 亿 t 泥沙，则下游河道可减淤 0.929 亿 t、2.483 亿 t、2.979 亿 t。在进入下游沙量年均 6.0 亿 t 情况下，如果通过水库泥沙资源利用，水库每年多拦

蓄 3.0 亿 t、4.0 亿 t 泥沙，则下游河道可减淤 1.554 亿 t、2.050 亿 t。

表 5-19　各方案下游各河段年均冲淤量　　　　　　（单位：亿 t）

方案	小浪底至花园口	花园口至夹河滩	夹河滩至高村	高村至孙口	孙口至艾山	艾山至泺口	泺口至利津	小浪底至利津
8 亿 t	0.277	0.743	0.364	0.291	0.179	0.153	0.223	2.227
6 亿 t	0.063	0.377	0.302	0.146	0.144	0.105	0.161	1.298
3 亿 t	−0.090	−0.140	−0.071	−0.032	0.015	0.024	0.036	−0.256
2 亿 t	−0.123	−0.203	−0.140	−0.143	−0.049	−0.052	−0.042	−0.752

通过泥沙资源利用实施有效减少进入河道的泥沙后，黄河下游冲淤的基本概况，即在治黄多措并举条件下，树立"换个角度看待水库的泥沙淤积，充分发挥水库的拦沙减淤作用，建立水库泥沙处理与利用的良性运行机制"的新理念，集中、分级利用黄河泥沙，不仅能有效节省工程投资，而且能更加彰显泥沙资源利用的长远效应。

5.4.2　水库泥沙资源利用的良性运行机制

1. 良性运行机制的总体架构

黄河泥沙资源利用是一项除害兴利的系统工程，需要一个良性运行机制来推动其进程。在已有系统研究与分析基础上，构建了黄河水库泥沙资源利用产业化运行机制框架，见图 5-28。

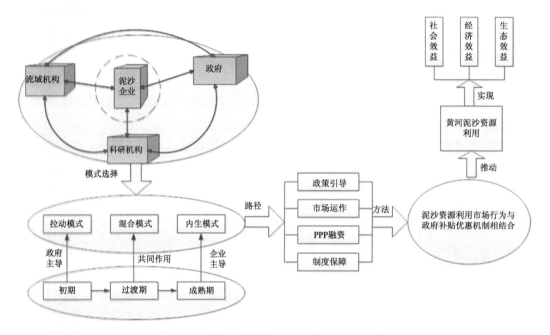

图 5-28　水库泥沙资源利用产业化运行机制框架图

流域机构、地方政府、泥沙企业等各参与方共同推进水库泥沙资源利用的产业化进程。在泥沙资源利用初期，应以政府主导的拉动模式为主，随着泥沙资源利用产业的逐步发展，以及相关体制的建立健全，市场初步形成；进入过渡时期，泥沙资源利用将由拉动模式转变为混合模式，通过初期市场状态逐步走向成熟，逐步由混合模式向内生模式转变；在由混合模式向内生模式逐步转变的过程中，充分利用拉动模式中的有利因素，同时学习内生模式的经验，通过政府协调政策的推行实施，最终使各个主体的角色定位向着理想的状态转化。

2. 参与主体职责行为

1) 运行初期

黄河泥沙资源利用产业化发展初期的主要任务是市场的形成，在这个阶段流域机构将发挥巨大的作用。作为倡导者，从治河的长远考虑，流域机构有强动力去推动市场的形成。各方行为分析如下。

(1) 流域机构。

(a) 组织制定黄河泥沙资源利用的相关规划、政策和管理制度办法等。

(b) 成立黄河泥沙资源利用组织管理机构。

(c) 组织产业界和学术界等科研机构开展泥沙资源利用的课题研究。

(d) 利用各种措施加大宣传力度。

(2) 科研机构。

(a) 发挥政府和企业的桥梁作用，接受流域管理单位和政府委托的科研任务，做好泥沙资源利用的技术支撑。

(b) 依托前期科研成果，在泥沙资源利用规划、整体布局、技术标准制定等方面发挥决定性主导推动作用。

(c) 协助流域管理单位或政府部门做好技术推介、科普工作。

(d) 构建有效的政策和信息平台，加大宣传力度，推进泥沙资源利用。

(3) 地方政府。

(a) 制定产业政策引导产业发展，利用行政资源、行政手段等营造良好环境，促进产业化发展模式构建。

(b) 加大投入力度，尤其是科研投入，拓展泥沙资源利用有效途径。

(c) 制定优惠补贴政策，通过政策引导扩大泥沙资源利用效益。

(d) 通过各级各类媒体宣传，宣传黄河泥沙资源利用的战略意义和社会经济、生态环境效益。

(4) 泥沙企业(包括流域内企业和社会企业)。

(a) 利用信息平台，了解黄河泥沙资源利用途径和技术，寻找商机。

(b) 积极与科研机构合作，参与黄河泥沙资源利用的研发、技术成果转化等。

2）过渡期

市场初步形成之后，即在泥沙资源利用发展的过渡期，流域机构、地方政府和企业的主导地位不明确。在这个过程中，政府要完全参与其中，与流域机构一起积极营造黄河泥沙资源利用市场氛围，同时逐步减少对泥沙资源利用工作的干预；泥沙企业要将泥沙资源利用同自身发展战略紧密结合，不仅短期有利于企业提高竞争力，而且长期也能够有效促进企业的可持续发展。

（1）流域机构：完善管理制度和办法，逐步规范泥沙利用市场。

（2）科研机构：为政府和企业服务，提供专业化的技术服务技能和管理技能。

（3）地方政府：着重培育和发展行业协会，做好具有前瞻性和基础性的工作，如制定准入政策、配套制度等指导行业的发展，防治由市场功能不足、市场竞争无序、市场调节盲目性而导致的"市场失灵"。

（4）泥沙企业：在泥沙资源利用相关政策指导下，在流域机构和地方政府的引导下，根据企业发展状况，积极参与黄河泥沙资源利用的研发、技术成果转化、推销产品等市场营销工作，与科研机构一起推动黄河泥沙资源利用长效发展，从中获取企业利润，实现企业发展目标。

3）成熟期

泥沙资源利用发展到成熟期，泥沙企业是泥沙利用实施的主体，政府以及流域机构的参与起到辅助性作用，各主体按照"公开透明、自愿参与、协商一致"的原则参与到泥沙资源利用事业中，自发形成泥沙资源利用的良性互动关系。由企业主导的内生模式主要特点是企业参与为主，政府干预为辅。

（1）流域机构：规范黄河流域采砂和泥沙资源利用活动，通过行业管理促进黄河泥沙资源利用市场的健康稳定发展。

（2）科研机构：以双重身份积极参与到泥沙资源利用产业发展中，接受政府委托的相关科研与监督协助工作；为企业做好技术服务和咨询服务。

（3）地方政府：政府职能逐步弱化，市场行为特征明显。这一时期政府的行为主要包括积极促进泥沙行业技术水平发展，加强关键技术领域的科研力量；稳定泥沙资源利用市场化，鼓励各类科研机构加快泥沙资源利用技术与方向的优化提高。

（4）泥沙企业：按照政府、流域机构的相关政策、规划的指引，和科研机构密切合作，提高泥沙利用开发水平，将泥沙资源利用和企业自身发展战略紧密结合，从长远发展角度将黄河泥沙资源利用作为提升企业竞争力的工具。

3. 泥沙资源利用产业化运行模式

建立"政府引导、市场运作"新机制，符合黄河泥沙资源利用产业化的需求。

黄河泥沙资源利用作为一个产业，前期投资成本非常高，而消费者一般不愿意支付足够高的价格来支持泥沙资源利用产品的生产商，也不可能过多考虑泥沙资源利用的公益性，尤其是泥沙资源转型利用产品的成本明显高于现有低级产品开发成本的时候，很难被市场所接受。

因此，与泥沙资源利用各参与方在不同时期的职责行为一致，在黄河泥沙资源利用产业化的初期阶段，运行模式应以"政府引导"为主，政府通过制定产业政策引导产业发展，或者利用行政资源、行政手段等营造环境促进产业发展，如积极争取国家有关政策支持，建立研究开发平台，通过产学研相结合，不断拓展泥沙利用与社会需求结合的广度和深度，推动黄河泥沙资源利用产品的研发、中试和推广转化，促进黄河泥沙处理和资源利用标准化、产业化。

有了较为成熟的产品后，通过政府投资干预，为泥沙资源利用产品的生产商提供资金支持，使其克服成本障碍，能够以较低的价格出售他们的产品，从而促进泥沙资源利用产品的推广和利用。

市场初步形成后，政府应着重培育和发展行业协会，做好具有前瞻性和基础性的工作，如制定准入政策、配套制度等指导行业的发展，防治由市场功能不足、市场竞争无序、市场调节盲目性而导致的"市场失灵"。

在产业发展到一定规模，黄河泥沙资源利用发展到成熟阶段，通过技术研发使产品能够充分满足市场需求、独立地参与市场竞争和吸引私人投资的时候，政府就应适时退出市场，防止有企业获取额外利益，而被认定为补贴，同时避免企业为了获取政府的资助而恶性竞争。

综上所述，对于黄河泥沙资源利用产业化模式，政府引导是必要的，市场化运作是必需的，二者缺一不可。

4. 泥沙资源利用产业化实现路径

1)政策引导

黄河泥沙处理和资源利用是以维持黄河健康生命为前提的，目前只是治河的一种措施，虽然有一些市场行为的介入，但尚未形成泥沙资源利用的市场，在目前阶段仍然是以政府指导为主体，即便将来形成了市场，也并不意味着能够一直保持供需平衡，因此，不论是现在还是未来，加强政府指导对实现黄河泥沙的高效利用是必要的。黄河泥沙的处理和资源利用是一项系统工程，涉及政府、企业、经济、环境等许多市场经济关系。政策引导主要由政府来完成，主要体现在以下五个方面。

一是利用政策导向，扩大泥沙利用途径，如依据《国家鼓励的资源综合利用认定管理办法》，积极认定黄河泥沙的资源属性，争取或制定优惠政策，推动和指导黄河泥沙综合处理和资源利用，经济上给予鼓励和支持，使黄河泥沙的综合利用健康发展。

二是通过制定产业政策，鼓励使用黄河泥沙为原料的产业发展。

三是通过制定技术标准，对黄河采砂、用沙及其加工处理等环节提出相关要求，防止泥沙处理与资源利用过程中影响黄河防洪安全，造成环境污染等。

四是协调和帮助解决治河部门、用沙单位有关政策和技术方面的矛盾和问题。

五是培育和发展行业协会，推动行业协会开展促进黄河泥沙综合利用工作。

2) 市场化运作

通过市场配置生产要素和资源是市场经济的基本要求,即使是稀缺资源或者有限资源,也应在政府指导下,按照公开、公平、公正的原则,通过市场竞争,优化配置。市场运作的基本特征是按照价值规律由供需双方自主、有偿交换。政府没有权力也没有必要干预供需双方的行为。黄河泥沙作为一种资源,除了政府行为外,最终还可以完全通过市场机制的运作方式进行配置;政府可以通过促进科技进步,拓展利用渠道,扩大综合利用途径,建立市场化、社会化、专业化的黄河泥沙处理资源利用有机结合的运行机制,解决黄河严重的泥沙淤积问题。

3) PPP 融资模式

一般认为,投资规模大、需求长期稳定、价格调整机制灵活、具有一定市场化程度的基础设施及公共服务类项目,适宜采用政府和社会资本合作(PPP)模式。当前,泥沙资源利用正在推进产业化,仅依靠政府财政投入无法满足建设资金的需求。泥沙资源利用一方面可以解决泥沙治理的需求,另一方面,其提供的产品和服务在市场上能有稳定可靠的社会需求。因此,若政府能加大扶持力度,使得泥沙产品和服务的收益水平能够达到一定要求,那么泥沙产业将是社会资本希望进入的优质领域。

在国家和行业推行 PPP 模式的背景下,引入社会资本,由社会资本和政府合作,共同推动泥沙资源利用的产业化发展,是解决当前泥沙资源利用走出困境的一个有效手段。引入 PPP 模式,可在泥沙资源利用中引入市场竞争机制,鼓励社会资本特别是民间资本参与泥沙产品生产和社会服务体系的供给,加快供给体制机制创新,推进政府治理体系和治理能力现代化。

泥沙资源产业化采用 PPP 模式,一方面可激发各类市场主体参与泥沙产品供给的积极性,形成多元可持续的投融资体制机制,有助于解决财政投入不足的困境;另一方面可充分发挥企业和社会组织的专业、技术、管理和创新优势,提高泥沙产品和服务供给的质量和效率。因此,在泥沙资源利用产业化过程中,引入 PPP 融资模式,是当前市场经济条件下政府增加和改善公共服务的一种新途径。

4) 制度保障

市场主体的经济运行行为需要法制的规范和保障,市场的运行规则要靠法制来构筑和维系,市场公平竞争需要法制来保证。毋庸置疑,市场条件下黄河泥沙资源利用同样需要法治保障。政府实施对黄河泥沙资源利用的行政管理同样必须依靠法治。而法治保障的基础是设计科学、合理的制度体系,使政府管理目标在制度规范内有序实现。

国家、行业和流域机构对黄河泥沙处理与资源利用的政策还不完善,相应法律规范也比较滞后,对于黄河泥沙处理和资源利用的专门的规章制度还处于空白,亟须引起各级政府部门的高度重视,应尽快组织有关力量,在黄河泥沙资源利用管理总体框架下,研究起草适合黄河泥沙处理和资源利用事业发展要求的有关法律法规或规章制度,将黄河泥沙综合利用的管理目标、管理原则、管理措施以及促进泥沙资源利用的政策、思想纳入法制化轨道,从而保障黄河泥沙综合利用的稳定持续发展。

5.5　小　　结

根据黄河流域泥沙淤积现状分析了水库泥沙淤积带来的问题，确定了泥沙资源利用现实需求。通过总结相关水库泥沙处理技术和水库泥沙转型利用技术，确定水库泥沙资源利用的现实途径。

根据小浪底水库淤积泥沙沿程分布特点确定了库区粗泥沙动态落淤规律。对青铜峡水库、三门峡水库、小浪底水库取得的深层低扰动泥沙样本，研究分析了淤积泥沙级配、湿密度、干密度、含水率等力学指标空间分布特征。综合考虑库区、取水安全、湿地保护、大坝安全等因素，以建库前河道前地形为初始边界，淤积在库区内泥沙部分作为可利用泥沙确定库区泥沙资源可利用范围，分析了青铜峡水库、万家寨水库、三门峡水库、小浪底水库泥沙粒径大于 0.050 mm 的粗沙、泥沙粒径介于 0.025～0.050 mm 的中泥沙、泥沙粒径小于 0.025 mm 的细沙的资源量。

以小浪底水库为例，计算水库泥沙资源利用对水库泥沙动态调控的影响。枯水年不同清淤方案的累积淤积量随时间变化一致，库区均没有排沙，丰水年不同清淤方案的累积淤积量随时间变化差异明显，清淤强度越大，越有利于库区排沙。以黄河下游河道为例，探讨小浪底水库库尾粗沙资源利用后多排细沙对下游河道水沙输移的影响。细沙的淤积强度除了受水沙条件的影响外，因其床沙交换强度大，受河床泥沙补给程度的影响也很明显，而粗沙和特粗沙的输移过程以悬浮和沉积为主，与床沙交换强度小，所以与来沙水流条件的相关性更强。水库粗沙资源利用将增加下游河道水流的输沙能力，减少河道泥沙淤积。以三门峡、小浪底水库为例，分析不同调度情境下水库粗中细泥沙冲淤量，阐明泥沙资源利用的空间配置格局发生的变化和因此造成的影响。全沙排沙比较小时，随着全沙排沙比增加，细沙排沙比增大相对较快，中泥沙次之，粗沙排沙比增大速度相对较慢。通过泥沙动态调控水动力措施，不仅可以实现拦粗排细运用、优化库区淤积形态、有效库容长期保持、控制粗中细泥沙空间分布，而且可以为泥沙资源利用提供分选场所；通过泥沙资源利用强人工措施，不仅可以有效恢复淤损库容、优化库区淤积形态、减少粗沙出库比例、提供地方经济建设所需泥沙资源，而且可以为泥沙动态调控提供调度空间。

水库为泥沙的分选提供了一个天然的最佳场所，粗沙大量淤积在库尾、比较细的泥沙则集中在坝前淤积，因此可以根据分选后的泥沙级配有针对性地开展泥沙资源利用。水库泥沙资源利用为水库拦沙减淤效益的持续发挥创造了条件，一方面目前技术手段可以实现水库泥沙的大规模资源利用，另一方面经济社会的发展使水库淤积泥沙作为一种资源被利用的需求越来越广泛。从泥沙资源利用角度，利用水库拦蓄高含沙洪水，具有巨大的社会效应、防洪减淤效应和经济效应。在已有系统研究与分析基础上，构建了黄河水库泥沙资源利用产业化运行机制框架。流域机构、地方政府、泥沙企业等各参与方共同推进水库泥沙资源利用的产业化进程。

第6章 枢纽群联合调控对库区和下游河道水沙输移的叠加效应

本章通过耦合水库一维、二维泥沙数学模型，量化泥沙动态调控对库区水、沙、床变化的规律性影响；揭示包括泥沙资源利用等强人工干预措施的枢纽群泥沙动态调控对单一水库、库群间、水库与下游河道水沙量-质-能交换的影响机理；量化串联、并联水库蓄泄时序对库区和下游河道水沙输移的叠加效应；提出水沙过程整体优化的水库群时空对接时机及调控效应。

6.1 水库-河道水沙输移模拟

6.1.1 水库水沙数值模型简介

本节构建了水库非恒定流水沙数值模型，浑水明流输沙模块基于一维浅水运动方程、泥沙输运方程和河床变形方程，异重流输沙模块基于一维异重流方程、异重流悬沙输运方程，考虑支流库容的蓄水影响，以及冲淤过程中的悬移质泥沙和床沙交换产生的级配变化，计算入库泥沙在水库的输运与冲淤过程，实现水流运动、泥沙输运与库区淤积耦合计算。浑水明流输沙水沙控制方程介绍省略，仅对异重流输沙水沙控制方程进行简要介绍。对于异重流中泥沙运动计算，如图 6-1 所示，异重流存在情况下，上层浑水悬移质不平衡输沙方程：

$$\frac{\partial A_t S_t}{\partial t} + \frac{\partial Q_t S_t}{\partial x} + \alpha_t \omega_t (B - B_I)(S_t - S_{t*}) + \alpha_t \omega_t B_I S_t = 0 \tag{6-1}$$

下层异重流悬移质不平衡输沙方程：

$$\frac{\partial A_m S_m}{\partial t} + \frac{\partial Q_m S_m}{\partial x} + \alpha_m \omega_m B_I (S_m - S_{m*}) = \alpha_t \omega_t B_I S_t + B_I e_t U_m S_t \tag{6-2}$$

河床变形方程：

$$\rho_0 B \frac{\partial z_b}{\partial t} = \alpha_m \omega_m B_I (S_m - S_{m*}) + \alpha_t \omega_t (B - B_I)(S_t - S_{t*}) \tag{6-3}$$

式中，A_m、A_t 为异重流和上层浑水的过流面积；B 为水面宽；B_I 为异重流与上层浑水交界面宽；Q_m、Q_t 分别为异重流和上层浑水的流量；S_m、S_t 分别为异重流和上层浑水的含沙量；S_{m*}、S_{t*} 分别为上层浑水和异重流的挟沙力；α_m、α_t 分别为上层浑水和异重流的恢复饱和系数；ω 为泥沙沉速；e_t 采用 Parker 经验公式求得；z_b 为床面高程；t 为时间；x 为沿程距离；U_m 为异重流的流速。

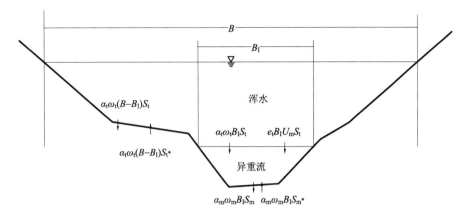

图 6-1　异重流泥沙交换过程物理图景

浑水和异重流的水流挟沙力计算采用张红武的公式。异重流的形成应满足的判别条件：$h>h_\mathrm{p}$，其中 h_p 为确定异重流发生时潜入点处的水深，$h_\mathrm{p}=0.572Q^{2/3}/S_\mathrm{C}^{0.77/3}$，$S_\mathrm{c}$ 为断面平均泥沙体积浓度。

考虑到断面形状和阻力不均匀的情况，该模型采用了一种准二维的处理方式，将原始断面划分为若干个子断面，断面水力要素采用分布叠加的形式。模型采用 HLL 格式（Ying and Wang，2008）进行数值离散求解。采用非耦合方式求解，即先联立水流连续方程、水流运动方程求解各断面的水力要素，如断面流量、水位等，再利用泥沙连续方程和河床变形方程求解断面平均含沙量以及河床冲淤体积，断面冲淤分布采用等厚分配。

6.1.2　小浪底水库模拟验证

采用 2002 年、2003 年、2004 年、2018 年、2019 年、2020 年汛期小浪底水库实际调度运用过程进行模型验证。模拟时段以库区汛前和汛后地形的测量时间为基准。分别以三门峡站日平均流量和坝前日平均水位作为水流进出口控制条件，以三门峡站日平均含沙量和悬移质颗粒级配作为悬沙的进口控制条件，以实测河床表层泥沙颗粒级配作为河床边界条件。出口流量过程的模拟与实测拟合较为一致，断面水位过程、出口含沙量过程、纵剖面的模拟与实测等对比如下。

(1)2002 年全年入库水量为 158.51 亿 m^3、沙量为 4.48 亿 t，汛期入库水量为 50.43 亿 m^3、沙量为 3.49 亿 t，全年出库水量为 194.62 亿 m^3、沙量为 0.74 亿 t，汛期出库水量为 86.87 亿 m^3、沙量为 0.73 亿 t。2002 年 7 月 4 日 9 时～15 日 9 时，开展了首次调水调沙试验，小浪底水库单库运用，小浪底水库平均下泄流量为 2740 m^3/s，含沙量为 12.2 $\mathrm{kg/m}^3$，下泄 26.1 亿 m^3。

模拟时段实测入库沙量为 4.369 亿 t，实测出库 0.74 亿 t，模拟出库 1.028 亿 t。如图 6-2 所示，汛后实测冲淤与模拟冲淤变化相差不大，而实测与模拟的出库含沙量相差较大，原因是实际出库过程中没有在异重流到达坝前时及时进行排沙运用，使得异重流形成浑水层在后期排沙出库，而模拟过程是在坝前异重流厚度达到一定数值即进行排沙。

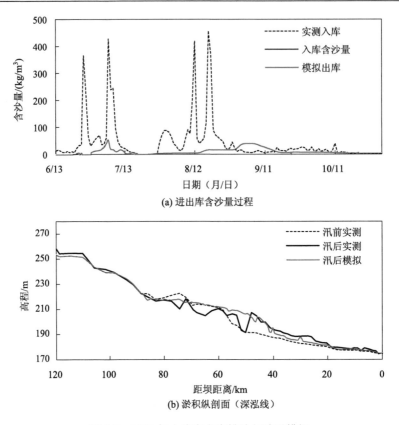

(a) 进出库含沙量过程

(b) 淤积纵剖面（深泓线）

图 6-2　2002 年小浪底水库排沙与冲淤模拟

(2) 2003 年全年入库水量为 216.73 亿 m³、沙量为 7.76 亿 t，汛期入库水量为 146.86 亿 m³、沙量为 7.76 亿 t，全年出库水量为 160.41 亿 m³、沙量为 1.15 亿 t，汛期出库水量为 88.01 亿 m³、沙量为 1.11 亿 t。2003 年 9 月 6 日 9 时～18 日 18 时 30 分开展了第二次调水调沙试验，小浪底水库、陆浑水库、故县水库联合运用。第二次调水调沙试验期间小浪底水库平均下泄流量为 1690 m³/s，含沙量为 40.5 kg/m³，下泄 18.25 亿 m³。通过小花间的加水加沙，花园口站平均流量为 2390 m³/s，含沙量为 31.1 kg/m³，水量为 27.49 亿 m³。

模拟时段实测入库沙量为 7.648 亿 t，实测出库 1.107 亿 t，模拟出库 1.320 亿 t。如图 6-3 所示，由于缺少相关资料，模拟水库异重流排沙运用时机与实际情况差别较大，导致实测与模拟的出库含沙量相差较大。尽管汛后实测冲淤与模拟冲淤在深泓点处的厚度变化有明显差异，但趋势非常接近，造成差异的原因是模型在处理冲淤量的断面分布上比较粗糙。

(3) 2004 年全年入库水量为 179.85 亿 m³、沙量为 2.72 亿 t，汛期入库水量为 66.66 亿 m³、沙量为 2.72 亿 t，全年出库水量为 251.06 亿 m³、沙量为 1.42 亿 t，汛期出库水量为 69.57 亿 m³、沙量为 1.42 亿 t。小浪底水库开展了第三次调水调沙试验，万家寨、三门峡和小浪底水库群水沙联合调度。6 月 19 日 9 时～29 日 0 时，控制万家寨水库水位

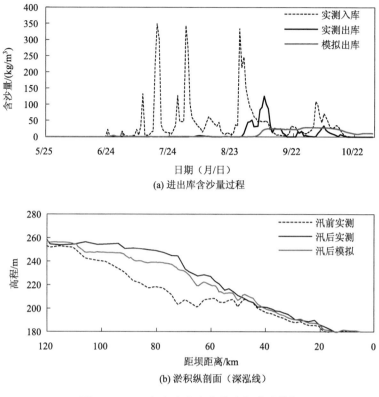

(a) 进出库含沙量过程

(b) 淤积纵剖面（深泓线）

图 6-3　2003 年小浪底水库排沙与冲淤模拟

为 977 m，三门峡水库水位为 318 m，小浪底水库按花园口流量 2600 m³/s 下泄清水，库水位从 249.1 m 下降到 236.6 m。7 月 2 日 12 时～5 日，万家寨水库出库流量按 1200 m³/s 下泄，7 月 7 日 6 时库水位降至 959.89 m 之后，按进出库平衡运用，7 月 5 日 15 时～10 日 13 时 30 分，三门峡水库按先小后大方式泄流，起始流量为 2000 m³/s。7 月 7 日 8 时万家寨水库下泄 1200 m³/s 水流，在三门峡水库水位降至 310.3 m 时与之对接，此后，出库流量加大，达到 4500 m³/s 后，按敞泄运用，7 月 10 日 13 时 30 分泄流结束，转入正常运用。小浪底水库 7 月 3 日 21 时按控制花园口流量 2800 m³/s 运用，出库流量由 2550 m³/s 逐渐增至 2750 m³/s，使异重流出库。7 月 13 日 8 时库水位下降至汛限水位 225 m，转入正常运用。

模拟时段实测入库沙量为 2.660 亿 t，实测出库 1.421 亿 t，模拟出库 0.720 亿 t。如图 6-4 所示，模拟水库异重流排沙运用时机与实际时机情况差别较大，导致实测与模拟的出库含沙量相差较大。汛后实测与模拟的深泓线较为一致，模拟与实测的冲淤变化均较小。

（4）2018 年全年入库水量为 376.54 亿 m³、沙量为 4.89 亿 t，汛期入库水量为 241.43 亿 m³、沙量为 4.84 亿 t，全年出库水量为 431.89 亿 m³、沙量为 4.64 亿 t，汛期出库水量为 221.89 亿 m³、沙量为 4.64 亿 t。2018 年汛期黄河干支流多次发生洪水，上游先后发生 3 次编号洪水。小浪底水库提前于 7 月 1 日～13 日腾库迎洪，入库沙量为 1.092 亿 t，出库沙量为 2.069 亿 t，水库排沙比为 189.4%。7 月 14 日～27 日水库造峰，入库沙量为 0.596 亿 t，出库沙量为 2.048 亿 t，水库排沙比为 343.4%。

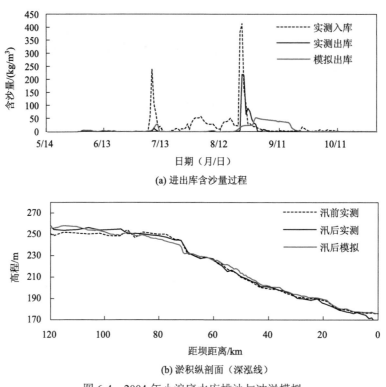

(a) 进出库含沙量过程

(b) 淤积纵剖面（深泓线）

图 6-4　2004 年小浪底水库排沙与冲淤模拟

　　模拟时段实测入库沙量为 4.843 亿 t，实测出库沙量为 4.64 亿 t，模拟出库 4.76 亿 t。如图 6-5 所示，水库产生两次异重流，模拟中未考虑实际出库的清浑水掺混比例，模拟得到的第一次异重流出库含沙量峰值较实际偏低。

　　(5) 2019 年全年入库水量为 405.41 亿 m³、沙量为 2.80 亿 t，汛期入库水量为 220.95 亿 m³、沙量为 2.74 亿 t，全年出库水量为 462.73 亿 m³、沙量为 5.40 亿 t，汛期出库水量为 220.91 亿 m³、沙量为 5.40 亿 t。2019 年汛期经历了汛前腾库迎洪运用(6 月 21 日～7 月 6 日)、汛期首次低水位排沙运用(7 月 7 日～8 月 5 日)及汛期二次低水位排沙运用 (8 月 6 日～11 日)，库水位一度降至 209.00 m(7 月 26 日 23 时)；8 月 12 日～10 月 31 日，水库以蓄水为主，向后汛期过渡。汛期排沙集中在 7 月 7 日～8 月 5 日，入库沙量为 1.181 亿 t，出库沙量为 4.86 亿 t，水库排沙比为 412%。

　　模拟时段实测入库沙量为 2.772 亿 t，实测出库沙量为 5.40 亿 t，模拟出库 2.940 亿 t。如图 6-6 所示，水库产生一次异重流，并进行了排沙运用。模拟出库比实际值明显偏小，主要原因是 2018 年未出库异重流形成松散淤积，异重流冲刷使得这部分泥沙能快速出库，模型模拟中未考虑该部分泥沙。

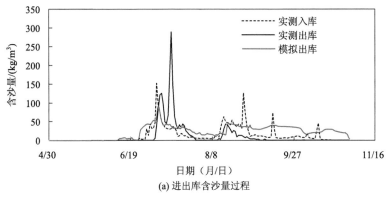

(a) 进出库含沙量过程

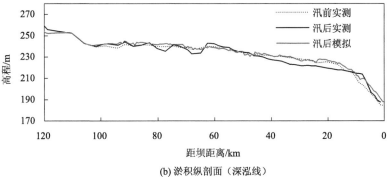

(b) 淤积纵剖面（深泓线）

图 6-5　2018 年小浪底水库排沙与冲淤模拟

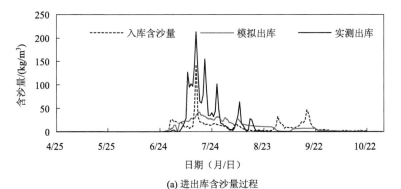

(a) 进出库含沙量过程

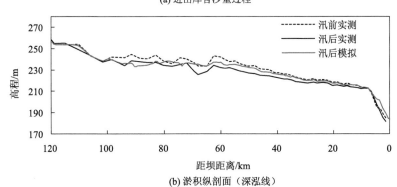

(b) 淤积纵剖面（深泓线）

图 6-6　2019 年小浪底水库排沙与冲淤模拟

（6）2020年全年入库水量为474.51亿 m³、沙量为3.44亿 t，汛期入库水量为292.95亿 m³、沙量为3.44亿 t，全年出库水量为470.72亿 m³、沙量为3.57亿 t，汛期出库水量为264.61亿 m³、沙量为3.57亿 t。2020年7月24日～8月2日，三门峡水库敞泄，出库沙量为0.688亿 t，库区冲刷0.119亿 t。6月24～8月6日，小浪底水库以防洪排沙运用为主，此期间，受中上游降水过程影响，该阶段小浪底水库经历了防洪实战演练（6月24日～7月3日）、小浪底降低库水位排沙（7月4日～20日）及小浪底库水位210 m以下排沙和三门峡水库敞泄（7月21日～8月6日）三个运用过程，水库排沙主要集中在后面两个过程。主要排沙时段7月4日～8月6日（降低水位排沙运用）出库沙量为3.075亿 t，库区冲刷1.949亿 t。

模拟时段实测入库沙量为3.20亿 t，实测出库沙量为3.57亿 t，模拟出库2.39亿 t。如图6-7所示，根据出库过程可以推断水库产生两次异重流，并进行了排沙运用。由于第一次异重流过程中入库含沙量较低，主要是由溯源冲刷产生的，模型计算的溯源冲刷量偏低，导致模拟出库比实际值明显偏小。冲淤变化量较小，汛后实测与模拟的深泓线较为一致。

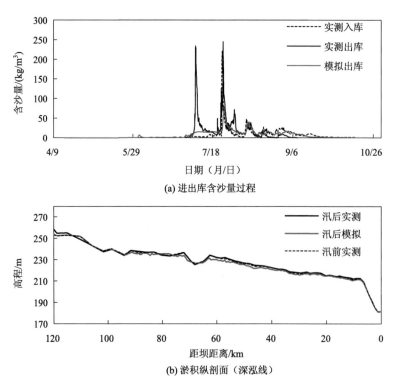

图 6-7　2020年小浪底水库排沙与冲淤模拟

各断面深泓点高程的计算与实测值基本符合，模拟的泥沙淤积量与实测符合度较高。考虑到实际调度运行过程中水库坝前水位过程、出库流量和含沙量过程要比日均过程变化更剧烈，库区整个淤积物级配按照表层级配进行计算，沿程不同位置的曼宁阻力系数、床沙干容重采用单一数值,采用沙量平衡法计算的库区淤积量与采用断面法计算的库区淤积量存在明显的差异,都会给计算带来误差。结果显示不同年份深泓点高程的计算值与实测值基本符合,验证了模型的可靠性,所建立的模型能够用于泥沙动态调控下小浪底水库的冲淤分析。

6.1.3　三门峡水库模拟验证

采用 2018 年、2019 年、2020 年三门峡水库实际调度运用过程进行模型验证。3 个不同年份入库水量分别为 404.36 亿 m³、411.14 亿 m³、465.09 亿 m³,入库沙量分别为 3.721 亿 t、1.718 亿 t、2.378 亿 t,出库水量分别为 376.54 亿 m³、405.41 亿 m³、474.51 亿 m³,全年出库沙量分别为 4.891 亿 t、2.797 亿 t、3.443 亿 t。根据库区断面测验资料统计,全年淤积量分别为−0.8937 亿 m³、−0.117 亿 m³、0.438 亿 m³,汛期分别为−1.277 亿 m³、−0.617 亿 m³、0.036 亿 m³。

2018 年 5 月 10 日~10 月 26 日实测入库沙量为 3.503 亿 t,实测出库沙量为 4.889 亿 t,模拟出库沙量为 4.765 亿 t。库区冲刷量模拟结果与实测数值十分接近(图 6-8)。模拟出库含沙量过程线与实测过程线的确定性系数为 0.721,两者基本一致。

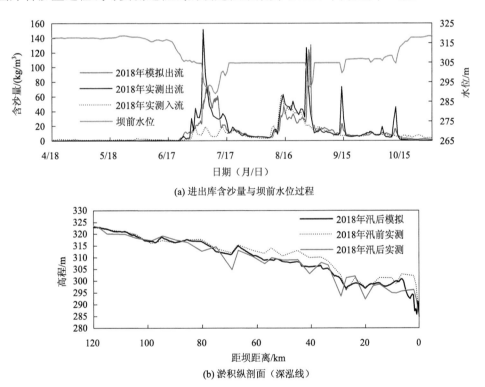

(a) 进出库含沙量与坝前水位过程

(b) 淤积纵剖面（深泓线）

图 6-8　2018 年三门峡水库排沙与冲淤模拟

2019 年 4 月 25 日~10 月 27 日实测入库沙量为 1.444 亿 t,实测出库沙量为 2.796 亿 t,模拟出库沙量为 2.335 亿 t。库区冲刷量模拟结果与实测数值比较接近(图 6-9)。模拟出库含沙量过程线与实测过程线的确定性系数为 0.612，两者基本一致。

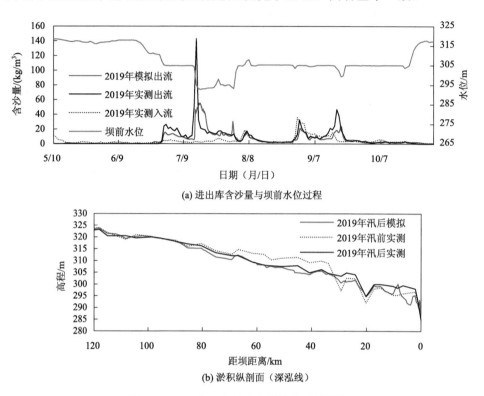

(a) 进出库含沙量与坝前水位过程

(b) 淤积纵剖面（深泓线）

图 6-9　2019 年三门峡水库排沙与冲淤模拟

2020 年选定时段实测入库沙量为 1.743 亿 t，实测出库沙量为 2.967 亿 t，模拟出库沙量为 2.971 亿 t。库区冲刷量模拟结果与实测数值比较接近（图 6-10）。模拟出库含沙量过程线与实测过程线的确定性系数为 0.446，两者基本一致。

实测该三年的出库含沙量过程线呈现明显的尖峰，而模拟峰值较低，这与采用日均水位过程关系密切。实际调度过程中降低水位速率较快，可能在一天之内完成，而采用日均水位过程会使得水位降低速率变缓，相应模拟的库区溯源冲刷速率变慢，使得预测的出库含沙量与入库含沙量相比增量变小。含沙量过程的模型结果不是入库含沙量越多则出库含沙量越多，2018 年 7 月上旬含沙量基本在 20 kg/m³ 以下，模拟与实测出库均达到 50 kg/m³，2019 年 7 月来流含沙量不超过 10 kg/m³，模拟与实测出库含沙量均达到 20 kg/m³，2020 年 7 月末没有来沙，模拟与实测出库含沙量均达到 50 kg/m³。

三年的库区深泓点高程线的计算与实测值基本相符，泥沙淤积量模拟与实测符合度较高。对比坝前水位与含沙量过程线，可以发现汛期坝前水位第一次从 305 m 降至 295 m 时，出库含沙量出现尖峰与库区床面表层淤积泥沙极易被侵蚀有关。出库含沙量过程的模拟与实测总体上有较好的一致性。模型对库区汛期前后纵剖面变化有较好的模拟，对冲刷和淤积部位的预测与实测基本一致，所建立的模型能够用于泥沙动态调控下三门峡水库的冲淤分析。

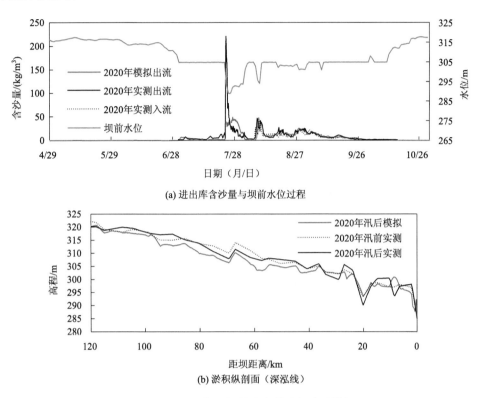

(a) 进出库含沙量与坝前水位过程

(b) 淤积纵剖面（深泓线）

图 6-10　2019 年三门峡水库排沙与冲淤模拟

6.2　泥沙动态调控对库区水-沙-床的规律性影响

泥沙动态调控对库区水-沙-床的规律性影响是通过调整水流形态和输沙形态完成的。在水库调度过程中，一方面，坝前水位下降会导致部分库段的水面纵比降增大、流速加大、水流流态由缓流向急流转变，库区产生强烈的溯源冲刷，排沙能力得到有效提升；另一方面，水动力条件的变化会让输沙形式从明流输沙向异重流输沙转变，输沙效率进一步提高。最终，泥沙动态调控改变了库区冲淤部位和冲淤量，使得纵/横剖面淤积形态、河床纵比降、床沙级配均得到调整，这些调整反过来又影响水流和输沙形态。

6.2.1　泥沙动态调控对库区水动力过程的影响

泥沙动态调控主要通过坝前水位影响库区的水动力条件。回水末端以上库段水面比降较大，回水末端以下库段水面比降较小。回水末端的位置随着库区水位的调整而上下游移动。在回水末端移动范围（变动回水区）内，水面比降变化明显，水库水位降低，水面纵比降明显加大，大小取决于床面纵比降。变动回水区的上游和下游，水面比降随水位变化不大。通过模拟计算得到 2019 年 7 月 1 日与 7 月 14 日的库区水位和纵比降对比如图 6-11 所示，两者进口流量分别为 2329 m³/s、2114 m³/s，坝前水位分别是 235.16 m、215.51 m，对应回水末端距坝距离分别约为 47.8 km、8.1 km。两个时期相比，回水变动范围内(8.1～47.8 km)的纵比降变化非常大，从 10^{-5} 调整为 10^{-3}，回水变动范围以外区域仅有小幅度调整。回水末端以上库段基本不受坝前水位顶托影响，纵比降较大，而下游库区纵比降接近零。

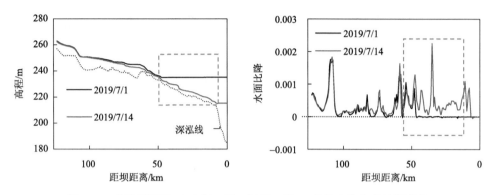

图 6-11　小浪底库区 2019 年 7 月 1 日和 7 月 14 日的水位和纵比降变化

库区水位下降过程中，坝前水位对库尾段壅水作用减弱，回水末端上游的水流流速大小主要与局部的河床性质、流量、断面形态关联。如图 6-12 所示，7 月 1 日小浪底库区断面平均水流流速整体上呈现上大下小的趋势，回水末端以上库段，流速基本在 2～3 m/s 范围内波动，回水末端以下库段，沿程流速降低至 1 m/s 以下，距坝 24 km 以内，流速小于 0.3 m/s。水位降低后，除了距坝 8 km 以内流速小于 0.3 m/s 外，流速整体增加至 2～3 m/s。

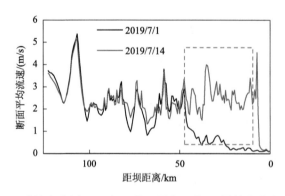

图 6-12　小浪底库区 2019 年 7 月 1 日和 7 月 14 日的水流流速变化

在水库开始蓄水的过程中，淤积三角洲顶坡段(三角洲洲面)处于壅水输沙流态，顺直河段淤积平缓，弯道附近受边界的影响出现流速沿程大小不一的情况，流速大的地方淤积量少，流速小的地方淤积量多，这就造成三角洲洲面地形高低起伏。当库水位降至三角洲顶点以下时，淤积三角洲前坡段出现较大的跌坎，同时三角洲洲面也产生多处跌坎，跌坎伴随着冲刷自下而上向上游发展，出现水位差，这种跌坎持续时间不长，很快消失，纵向达到一个相对稳定状态。这种现象由于持续时间短、位置多变、交通不便，原型中很难观测到；模型试验常观测到这种现象。在万家寨水库降水冲刷模型试验中，以 2015 年汛前地形为基础，释放流量 1000 m³/s、含沙量 4 kg/m³，持续 45 天的水沙过程。降水冲刷试验初始水位为 932 m，试验开始后水位控制在 929 m 附近，处于泄空状态，试验开始跌坎在 WD1 断面附近，随着试验的持续，跌坎自下而上向上游发展，同时上游 WD14、WD34、WD42（距坝距离分别为 13.991 km、32.36 km、41.016 km）等多处出现跌坎，如图 6-13 所示。项目组对 2021 年小浪底水库降低水位运用过程中三角洲洲面上的溯源冲刷过程进行了观测。7 月 3 日 14：06 在距坝 34 km（HH20 断面上游）处发现了跌坎，如图 6-14 所示，此时入库流量约 265 m³/s。这是项目组首次在野外观测到三角洲洲面上的跌坎发育。

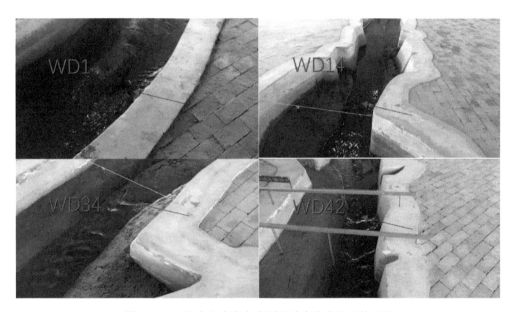

图 6-13　万家寨水库降水冲刷试验中的多级跌坎观测

水流流速变化达到一定程度就涉及水流流态的改变。在库区沿程地形存在跌坎的局部形成跌水，水流流态从缓流流态变为缓流—急流—缓流交替的水流流态。在淤积三角洲前缘的跌坎处形成的跌水对冲淤的影响最为明显，可以产生较强的溯源冲刷。一般情况下，跌水的上下游均为缓流流态，跌坎局部为急流流态，Fr 均大于 1。小浪底水库模拟计算过程中，同样能够模拟得到三角洲滩面多级的跌坎溯源冲刷的现象，以 2019 年汛期小浪底水库运用过程为例，模型计算得到跌坎数量动态调整过程，统计如表 6-1 所示。2019 年汛期小浪底库区的跌坎数量存在动态变化，水位较高时数量少，坝前水位降低后跌坎数量增加。

图 6-14　小浪底库区三角洲洲面上观测到的跌坎溯源冲刷(多级跌坎原型观测)

依据 2002～2004 年、2008 年、2013 年、2018～2020 年 8 个年份小浪底水库的实测初始地形，设置不同的坝前水位和来水流量，可以计算得出库区内跌坎的发育情况。这里选择来水流量取值范围为 500～6500 m³/s 四个流量级，坝前水位取值范围为 204～260 m，取值间隔为 2 m，结合地形与水流的 Fr 数判定跌坎个数，严格来说应以 Fr>1 为跌坎的水流判定条件，考虑到采用大断面地形资料空间分辨率低、水流计算对曼宁阻力系数选取敏感，这里采用曼宁阻力系数为 0.02、跌坎判定条件为 Fr 是否超过 0.5，对获得的跌坎数量进行统计。溯源冲刷跌坎数量与水位流量之间存在明确相关的关系。泥沙动态调控对库区水动力条件的影响规律可以总结如下。

(1)库区淤积量越大，跌坎数量越多。各年对应淤积量和跌坎数量的关系如图 6-15 所示。不同淤积量对应不同年份，库区淤积量大小对跌坎数量影响明显，2004 年之前，库区淤积量少，库区整体水深较大，水流流速很小，泥沙落淤位置在空间上分布相对均匀，库区三角洲顶点距离坝前较远，前坡段坡度较缓，难以满足跌坎形成和维持的水动力条件。由于小浪底水库的累积淤积，库区地形发生持续变化，2018～2020 年跌坎不同流量级下的跌坎数量较 2002～2004 年明显增加。

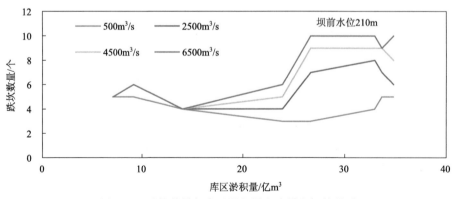

图 6-15　跌坎数量与库区淤积量和流量之间的关系

(2)库区边界条件不变的情况下，水流动力越强，跌坎数量越多。2018～2020 年入库流量越大，水流强度越大，跌坎数量越多。汛期洪水期容易形成多级跌坎形式的溯源冲刷(表 6-1)。

表 6-1　2019 年汛期小浪底库区跌坎

日期	坝前水位/m	回水末端距坝/km	跌坎	跌坎上下断面位置/km	Fr	流态
5 月 12 日	257.37	85.04	跌坎 1	119.80	1.02	急流
				118.55	0.56	缓流
7 月 9 日	226.9	31.06	跌坎 1	119.80	1.01	急流
				118.55	0.59	缓流
			跌坎 2	106.76	1.01	急流
				106.14	0.64	缓流
7 月 29 日	210.86	6.21	跌坎 1	120.42	1.01	急流
				119.18	0.50	缓流
			跌坎 2	58.97	1.27	急流
				58.35	0.45	缓流
			跌坎 3	47.79	1.10	急流
				47.17	0.61	缓流
			跌坎 4	35.38	1.04	急流
				32.90	0.60	缓流
			跌坎 5	6.21	1.06	急流
				5.59	0.70	缓流
10 月 7 日	246.62	66.42	跌坎 1	119.80	1.01	急流
				118.55	0.59	缓流
			跌坎 2	108.62	1.01	急流
				106.14	0.62	缓流

(3)坝前水位越低，跌坎数量越多。如图 6-16 所示，随着坝前水位的降低，壅水作用逐渐消失，跌坎逐渐向上游发展。高水位时，三角洲的前坡段水深沿程明显加大，水流挟沙能力明显下降，是泥沙落淤的主要部位。当水位下降低于三角洲前缘高程，形成跌水水流并出现溯源冲刷时，挟沙力会局部显著提升。不同于沿程冲刷，跌坎处水流急缓流流态的交替变化消耗大部分水流动能，直接用于床面泥沙侵蚀，冲刷侵蚀效率高，降低水位冲刷进一步受到淤积体分层的影响，库区发育形成多级跌坎。

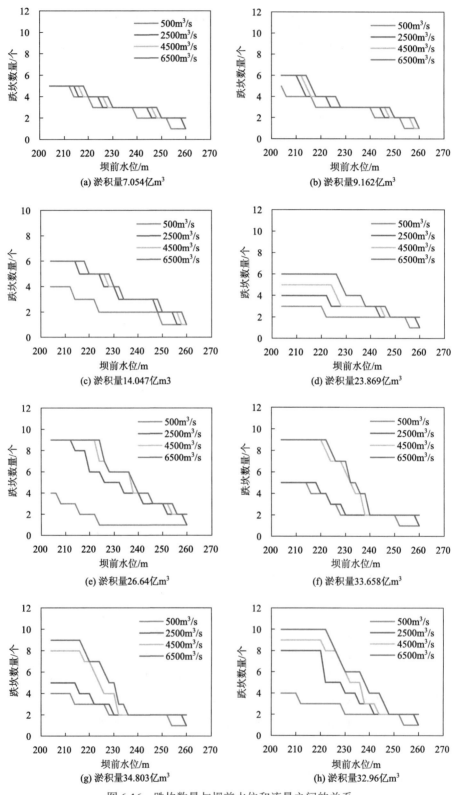

图 6-16 跌坎数量与坝前水位和流量之间的关系

6.2.2　泥沙动态调控对库区泥沙输运的影响

水位下降增强库区水动力条件的同时，输沙能力会得到提升，输沙状态由超饱和输沙向不饱和输沙转变。含沙量较高时，输沙形式在一定条件下会从明流输沙向异重流输沙转变。多年的调水调沙实践表明，异重流在小浪底库区的潜入点位置变动极大，上下相距可超过 50km，直接影响异重流运移过程和排沙出库效果。相较而言，当异重流在三角洲顶点附近潜入时，距坝前较近，且由洲面段缓坡到前坡段陡坡，异重流运动的动力增强，持续运移到坝前排沙出库的概率较大，利于实现异重流潜入—输移—排沙的全过程人工控制。

以 2019 年汛期为例，小浪底库区输沙形式会随着时间发生变化。通过分析小浪底水库 2019 年汛期模拟结果，可以得到不同时期的库区输沙流态和挟沙力情况，如表 6-2 和图 6-17 所示，在未产生浑水异重流时，整个库区均是明流输沙。库区回水影响范围内是超饱和输沙，处于淤积状态。泥沙动态调控水位下降，脱离回水影响的库区水流流速增大，挟沙力加强，输沙状态由超饱和输沙向不饱和输沙状态转变，河床由淤积状态变为冲刷状态。

表 6-2　2019 年汛期小浪底库区跌坎

日期(月/日)	坝前水位/m	回水末端距坝/km	输沙流态	入库含沙量/(kg/m³)	出库含沙量/(kg/m³)
7/1	235.14	47.17	均匀明流输沙 壅水明流输沙	26.2	2.95
7/15	217.36	8.69	均匀明流输沙 异重流输沙	143	213
9/17	247.72	65.80	均匀明流输沙 壅水明流输沙	46.7	0

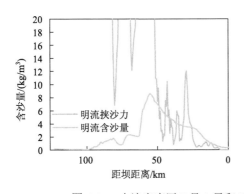 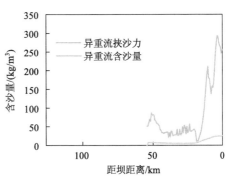

图 6-17　小浪底库区 7 月 1 日和 7 月 15 日的挟沙力与输沙状态比较

在输沙满足异重流潜入条件时，输沙形式从浑水明流向异重流转变。浑水异重流在断面上使得水流主流速区集中在底部，与泥沙浓度分布相一致，从而实现高效输沙。同时，异重流内部的泥沙浓度较高，泥沙群体沉速降低，原来深水区的饱和输沙变为非饱和输沙，泥沙淤积大大减少，能够保证长距离输运而不明显淤积。为了研究异重流在不同含沙量、流量、坝前水位下的潜入点位置特点，设置算例见表6-3。

表 6-3　潜入点算例设置

算例要素	取值范围
地形	2020 年汛前地形
含沙量	0.05～400 kg/m³
流量	100～5000 m³/s，间隔 20 m³/s
坝前水位	210～235 m，间隔 1 m

异重流在三角洲顶点潜入时含沙量、流量、坝前水位关系计算，计算结果如图 6-18 所示，图 6-18 中实线代表异重流恰在三角洲顶点潜入时三者之间的关系，实线以上区域表示异重流在三角洲顶点以上潜入，实线以下区域表示异重流在三角洲顶点以下潜入或不潜入。可以看出：

（1）流量越大，含沙量越小，潜入点越向下游移动。由异重流潜入的水深判别关系式（$h_p \geqslant 0.811 q^{2/3} / S_c^{0.25}$，$q$ 为单宽流量，S_c 为体积含沙量）可知，流量越大，含沙量越小，需要的潜入点水深越大，与图中规律一致。

（2）当坝前水位低于三角洲顶点高程时，异重流只能在顶点以下某位置潜入或不发生潜入；当坝前水位高于三角洲顶点高程时，随着水位升高，在三角洲顶点以上发生潜入的概率会不断增大。这是因为当坝前水位显著高于三角洲顶点高程时，则在顶点以上的三角洲洲面水深即有可能达到潜入条件，水位越高，潜入点越向上游移动（图 6-19）。

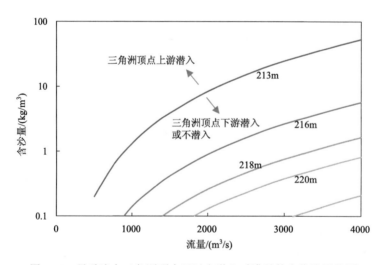

图 6-18　异重流在三角洲顶点及以上潜入时满足的水位流量范围

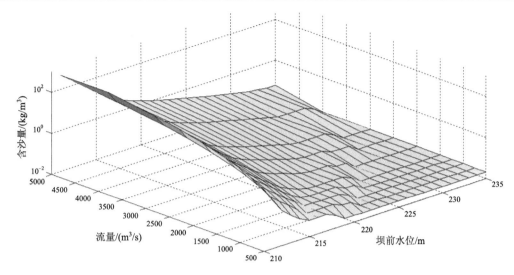

图 6-19 异重流潜入的边界条件三维视图

2020 年小浪底库区三角洲淤积顶点距坝 7.75 km，改变三角洲顶点位置，计算这几种情况下异重流潜入位置随着水位、流量的变化情况，含沙量设置为 20kg/m³，结果如图 6-20 所示。相同水沙条件下，三角洲顶点距坝越近，异重流在三角洲顶点潜入对应的

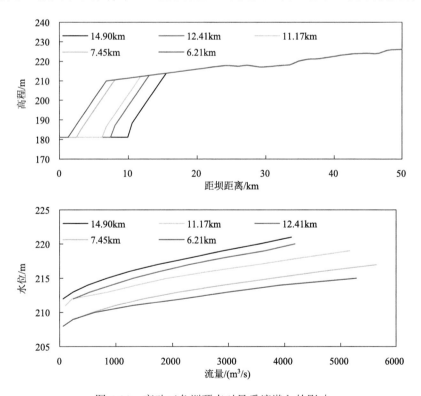

图 6-20 变动三角洲顶点对异重流潜入的影响

水位越低。相同水位条件下，三角洲顶点距坝越近，异重流在三角洲顶点潜入对应的流量越大，含沙量越低。换句话说，三角洲顶点向下游推进，异重流在三角洲顶点处潜入需要更低的水位，更大的流量和更低的含沙量更难满足异重流潜入条件。

6.2.3 泥沙动态调控对库区淤积形态的影响

水沙动态调控一方面在纵向上改变了库区冲淤部位和冲淤量，使得纵剖面淤积形态发生变化，河床纵比降调整，另一方面改变了泥沙的横向冲淤规律，实现断面形态调整。不同流量级、坝前水位、含沙量下的小浪底库区冲淤变化有明显的差异，表层床沙粒径由于在冲淤过程中与悬沙发生交换，库区河床比降和表层床沙粒径的调整趋于对应的平衡状态。

在此基于小浪底水库 2019 年汛前地形，分析不同流量、含沙量、坝前水位对库区冲淤的影响，算例设置如表 6-4 所示。以流量 2000 m³/s、含沙量 10 kg/m³、坝前水位 225 m 为参照，调整流量、含沙量、坝前水位，计算不同情况下库区的累积冲淤量、床沙粒径、库区淤积形态。

表 6-4　小浪底水库淤积形态算例设置

算例要素	取值范围
地形	2019 年汛前地形
流量/(m³/s)	1000、2000、4000、6000
含沙量/(kg/m³)	0、2、5、10、25、50
坝前水位/m	225、235、245、255
D_{50}/mm	0.008、0.01、0.02

纵剖面图 6-21～图 6-23 为模拟水沙过程历时 170 天结果。从图 6-21～图 6-23 可以看出：

(1)流量越大，顶坡段上冲下淤越明显，冲淤调整后的纵比降越小。库区床沙中值粒径 D_{50} 随着流量增加逐渐粗化，满足一般冲淤动态调整的规律。距坝 110 km 以上库段河床多基岩，不参与冲刷，其余库段河床整体呈现 D_{50} 沿程先增大后减小的分布。

(2)含沙量为 0 kg/m³ 的清水时，库区为净冲刷。随着含沙量的增加，冲刷强度逐渐降低，随后变为淤积。含沙量越大，冲淤调整后的河床纵比降越大，越有利于减少淤积。淤积的主要部位随着坝前水位的变化而调整，淤积部位随着坝前水位抬升而不断向上游移动。

(3)不同坝前水位下，D_{50} 均呈现上大下小的特点。随着坝前水位提高，整个库区的 D_{50} 均不同程度减小。含沙量为零时，在距坝 90 km 以下(上游库段多基岩，河床不可冲刷)库区表层床沙中值粒径 D_{50} 沿程均较初始设置值增大很多。随着含沙量增加，库区 D_{50} 逐渐减小。

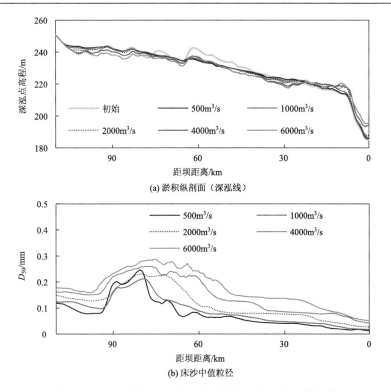

(a) 淤积纵剖面（深泓线）

(b) 床沙中值粒径

图 6-21　不同流量下小浪底库区床沙、深泓点高程变化

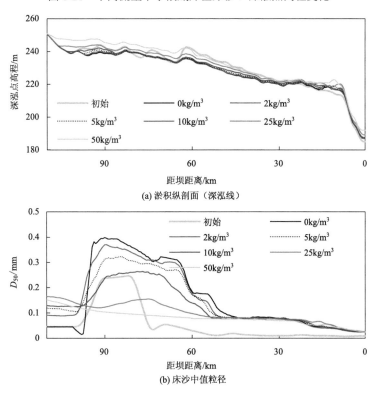

(a) 淤积纵剖面（深泓线）

(b) 床沙中值粒径

图 6-22　不同浓度下小浪底库区床沙、深泓点高程变化

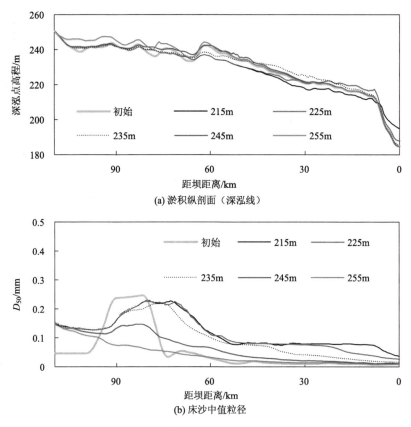

图 6-23 不同含沙量下小浪底库区淤积量、床沙、纵剖面、深泓点高程变化

6.3 枢纽群泥沙动态调控对水沙量-质-能交换的影响机理

6.3.1 泥沙动态调控对河流水沙量-质-能交换过程架构

泥沙动态调控改变了水量的时空分配，通过控制水流流态和输沙形式实现了对输送沙量的时空调整，能够使库区明流输沙水动力条件得到加强，实现异重流持续高效输送泥沙。库区水位下降过程中，整体输沙能力增强，水流侵蚀作用加大，回水末端移动范围内的河床从淤积变为冲刷。回水末端移动范围下游的水流依然是超饱和输沙，但水动力加强使得淤积效率降低。水位的控制可以使三角洲前缘适时产生跌坎溯源冲刷，通过改变侵蚀机制提高水流侵蚀效率，冲刷发展更为彻底，对淤积形态(纵剖面淤积变化强度、纵比降)、断面形态均进行相应的调整。

泥沙动态调控对河流行洪输沙功能产生影响主要体现在量、质、能三个方面：通过对不同时间尺度水量和沙量的调节作用，实现对水沙"量"的影响；库区水流强度、河床冲淤变化改变了水质(本节未涉及)和悬移泥沙级配，影响了水沙的"质"；对洪水过程的动态调控改变了洪峰和沙峰大小，流量和输沙过程非均匀性得到调整，水沙匹配关系发生变化, 改变了水沙的"能"。整体架构如图 6-24 所示。

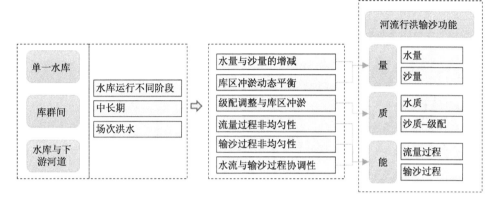

图 6-24　泥沙动态调控影响水沙量-质-能交换过程的架构

6.3.2　泥沙动态调控对单一水库水沙量-质-能交换过程影响

以三门峡水库为例来说明泥沙动态调控对单一水库水沙量-质-能交换过程的影响。

三门峡水库运用以来潼关站和三门峡站年均输水量分别为 317.8 亿 m³、315.6 亿 m³, 如图 6-25 所示, 从各年的输水过程看两者基本一致, 三门峡水库对年输水量的调节能力非常有限。水库运用以来潼关站和三门峡站年均输沙量分别为 7.98 亿 t、7.94 亿 t, 三门峡水库对年输沙量有一定的影响。三门峡水库出库和入库的多年平均各月输水量和输沙量相减, 得到三门峡水库对水量和沙量月调节过程, 如图 6-26 所示。5 月、6 月出库水量明显大于入库, 1 月、2 月、9 月、10 月入库水量明显大于出库。三门峡水库对各月沙量过程的调节作用更加显著, 存在明显的周期性。主要受水库汛期低水位、非汛期高水位影响, 汛期排沙多, 非汛期排沙少。对于场次洪水, 三门峡水库防洪库容小, 以敞泄为主, 泥沙动态调控对水量的调节能力有限, 水库调度对沙量的影响作用明显, 7~10 月出库比入库沙量多 0.527 亿 t。2019 年洪水期间有 2 次敞泄排沙过程、累计出库沙量 1.396 亿 t, 排沙比 528%; 汛期出库沙量 2.737 亿 t, 排沙比 205%。2018 年洪水期间有 3 次敞泄排沙过程, 累计出库沙量 2.06 亿 t, 排沙比 381%; 汛期出库沙量 4.842 亿 t, 排沙比 141%。

三门峡水库调度运用改变了输运泥沙级配的时空特征。以 2008 年汛期为例, 根据潼关站和三门峡站汛期实测日均输沙率和悬移质颗粒级配过程数据, 避免数据外插带来的误差, 选择 7 月 1 日~10 月 18 日为研究时段, 并分为 7 月 1 日~8 月 10 日(7 月 1 日~2 日敞泄排沙)、8 月 11 日~10 月 18 日(相对完整的洪水过程, 且坝前水位控制在 305m)两个时间段, 分别计算两个时段进出库悬沙级配组成, 如图 6-27 和图 6-28 所示。结果表明, 7 月 1 日~8 月 10 日通过在入库悬移质输沙率高且中值粒径偏大的时段(主要是 7 月 1 日敞泄排沙)进行多排沙, 冲刷部分库区淤积的泥沙, 按输沙率加权的出库悬移质要比入库偏粗。8 月 11 日～10 月 18 日 305m 水位运用，较粗组分泥沙淤积，按输沙率加权的出库悬移质要比入库偏细。三门峡水库入库泥沙中较粗的泥沙被淤积在库区，出库泥沙细化，出库悬移质泥沙的中值粒径要比入库明显偏小，敞泄排沙能够明显改变悬移质的级配。

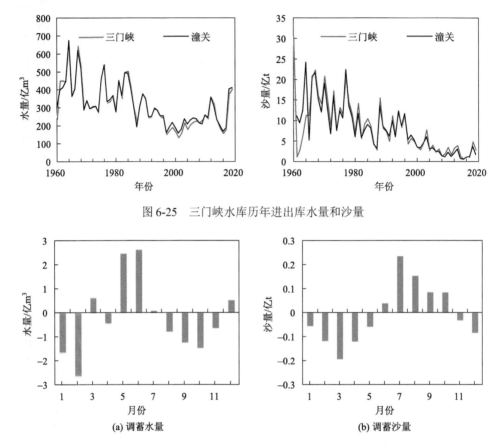

图 6-25　三门峡水库历年进出库水量和沙量

(a) 调蓄水量

(b) 调蓄沙量

图 6-26　三门峡水库各月调蓄水量和沙量多年平均值

对洪水过程的动态调控改变了流量和含沙量过程，水沙匹配关系发生变化，最终体现在出库水沙过程和库区冲淤上。敞泄运用是三门峡水库动态调控的重要手段，选取 2014～2016 年(枯水少沙)和 2018～2019 年(丰水少沙)两个系列，设置四组调度方案分析敞泄运用方式对三门峡库区冲淤的影响(表 6-5)。其中，对于丰水年的 2018～2019 年，方案 1 基本接近现状运行方式，7～8 月汛期流量大于 1500 m³/s，敞泄不超过 20 天，汛期其余时段水位按照 305 m 控制运用，非汛期按照 318 m 控制运用；方案 2 在敞泄时间段与方案 1 有所区别，即 7～8 月流量大于 1500 m³/s，敞泄不超过 10 天，随后按照 305 m 控制运用，到了 9 月，当流量大于 1500 m³/s 时，敞泄不超过 10 天，随后时段按照 305 m 控制运用，非汛期按照 318 m 控制运用。对于枯水年的 2014～2016 年，方案 3 调度规则与方案 1 相同，方案 4 调度规则与方案 2 相同。

表 6-5　三门峡水库模拟调度方案

系列	方案	7～8 月 (前汛期)	9～10 月 (后汛期)
2018～2019 年	1	流量大于 1500 m³/s 敞泄 20 天，其余时段 305 m 运用	305 m 运用控制
	2	流量大于 1500 m³/s 敞泄 10 天，其余时段 305 m 运用	流量大于 1500 m³/s 敞泄 10 天，其余时段 305 m 运用
2014～2016 年	3	流量大于 1500 m³/s 敞泄 20 天，其余时段 305 m 运用	305 m 运用控制
	4	流量大于 1500 m³/s 敞泄 10 天，其余时段 305 m 运用	9 月下旬敞泄 10 天 305 m 运用

　　三门峡库区冲淤模拟结果见表 6-6。水库水沙调控最直接的方式是水位控制。方案 1、3 和方案 2、4 相比，敞泄历时同为 20 天，一年两次敞泄比一年一次敞泄明显利于库区冲刷，也有利于有效库容的长期维持。

表 6-6　不同工况三门峡库区冲淤模拟结果

方案	大坝至 HY41	大坝至 HY22	HY22 至 HY30	HY30 至 HY36	HY36 至 HY41
方案 1	−0.980	−0.454	−0.396	−0.181	0.052
方案 2	−1.190	−0.576	−0.467	−0.204	0.059
方案 3	0.120	0.109	0.027	−0.014	−0.002
方案 4	−0.406	−0.349	−0.038	−0.017	−0.002

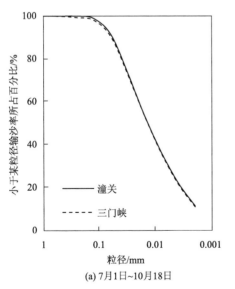

(a) 7 月 1 日~10 月 18 日

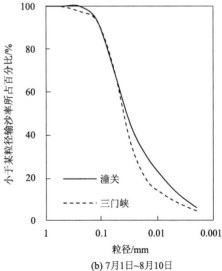

(b) 7 月 1 日~8 月 10 日

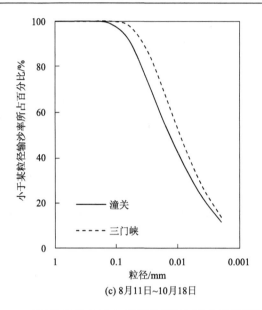

(c) 8月11日~10月18日

图 6-27 三门峡水库 2008 年汛期悬移质泥沙中值粒径和级配

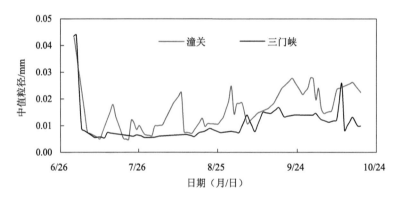

图 6-28 三门峡水库 2008 年汛期进出库悬移质泥沙中值粒径

综上，对单库调节而言，泥沙动态调控对水沙量质能交换过程的影响可以概括如下。

(1) 三门峡水库水量和沙量调控作用明显在月尺度以下十分明显。1960~2019 年三门峡水库对洪水的调节体现在多年平均的 5 月和 6 月调蓄水量超过 2 亿 m³，各月沙量过程的调节作用更加显著，存在明显的周期性，7~10 月出库比入库沙量多 0.527 亿 t。

(2) 2008 年汛期三门峡水库输送泥沙级配调整在逐日过程上满足"拦粗排细"，通过敞泄期间的集中排沙，在汛期总量上可以实现泥沙按粒径组进出库平衡。

(3) 泥沙动态调控能明显影响库区的冲淤特征。三门峡水库不同频次的敞泄时机在枯水年份(2014~2016 年系列)表现出较大的库区冲淤差异，一年一次敞泄变为一年两次，库区从淤积 0.12 亿 t 变为冲刷 0.406 亿 t，有利于有效库容的长期维持。

6.3.3　泥沙动态调控对库群间、水沙量-质-能交换过程的影响

　　小浪底单库运用便可对中小洪水的水沙过程，尤其是水量进行很好的调度，不需要多库联合调度，选择较大的洪水过程进行调度计算，能够突出说明单库调度能力有限，体现多库联合调度的优势。为了说明水库群对水量和沙量交换过程的影响，选择 1843 年、1933 年两场上大洪水进行三门峡水库、小浪底水库调度计算，调控原则按照国家防汛抗旱总指挥部批复的《黄河洪水调度方案》。设置不考虑水库、水库敞泄与控泄等工况，如表 6-7 所示。

表 6-7　三门峡水库-小浪底水库联合调控算例设置

算例编号	三门峡水库	小浪底水库
0+0	不考虑	不考虑
0+X0	不考虑	敞泄
S0+X0	敞泄	敞泄
S1+X0	控泄、305 m	敞泄

　　模拟结果如图 6-29～图 6-32 所示。三门峡水库敞泄和无三门峡水库相比，由于出库流量受泄流能力限制，与入库流量过程差别较大。而出入库含沙量过程形状相近，这是

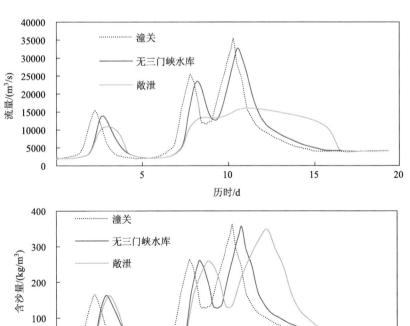

图 6-29　1843 年洪水三门峡水库模拟出库流量和含沙量过程

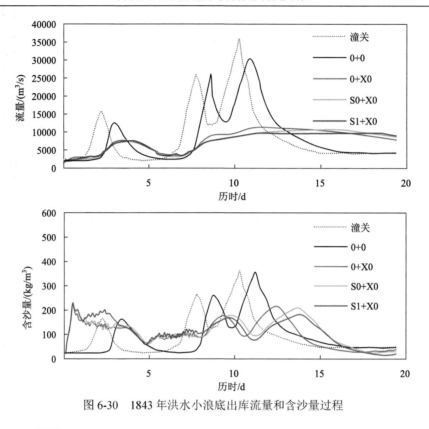

图 6-30　1843 年洪水小浪底出库流量和含沙量过程

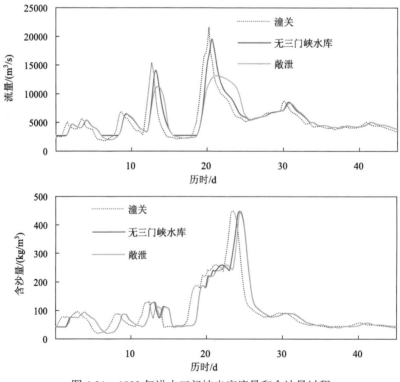

图 6-31　1933 年洪水三门峡出库流量和含沙量过程

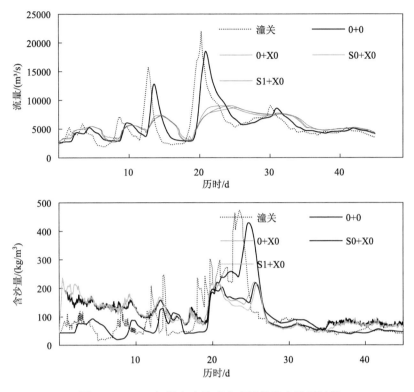

图 6-32　1933 年洪水小浪底出库流量和含沙量过程

因为洪水流量较大，有较强的水动力条件，泥沙在库区仅有少量淤积，以 1843 年洪水为例，三门峡入库泥沙 46.68 亿 t，出库泥沙 46.12 亿 t，排沙比接近 1，水库对输沙率过程有明显的调整。由图可得，泥沙动态调控对三门峡水库-小浪底水库间水沙量-质-能交换过程的影响有以下规律。

（1）两个水库的洪峰削减作用大于单一水库（表 6-8）。两水库比单独考虑小浪底水库时调蓄水量增加 3 亿～6 亿 m³，洪峰削减率增加 2%～3%。两水库比单独考虑三门峡水库时洪峰削减率增加 2%～3%。两水库比单独考虑两库敞泄时，将 1843 年 36000 m³/s 的洪峰削减 15%～24%。

（2）两个水库的排沙相对于小浪底单库明显增加。单独考虑小浪底水库时，排沙分别为 10.7 亿 t、17.6 亿 t，两库联合运用排沙 14.3 亿 t、24.1 亿 t，增加排沙 3.6 亿 t 和 6.5 亿 t。

表 6-8　典型上大洪水的调蓄量和削峰率

算例编号	1843 年		1933 年	
	削峰率	调蓄/亿 m³	削峰率	调蓄/亿 m³
0+0	0.156	13.0	0.155	12.0
0+X0	0.681	48.5	0.585	28.6
S0+X0	0.702	54.4	0.588	31.3
S1+X0	0.728	54.1	0.601	30.4

6.4　水库蓄泄时序的叠加效应

黄河中游水沙调控工程体系以小浪底水库为中心，万家寨水库、三门峡水库配合运用。在发生超标准洪水时，联合运用削峰；在发生中常洪水时，通过水沙动态调控为下游塑造较为协调的水沙关系。这里的串联水库叠加效应以三门峡水库和小浪底水库联合调度运用为基础说明出库水沙过程及其对下游河道的冲淤影响。并联水库以黄河干流三门峡水库和小浪底水库以及支流河口村水库、陆浑水库、故县水库联合调度运用为基础，说明干支流出库水沙过程叠加及对下游河道的冲淤影响。

黄河下游洪水分为上大洪水和下大洪水，实测洪水资料证实两类洪水并不遭遇。来源区为河口至龙门区间、龙门至三门峡区间的洪水称为上大洪水，如 1933 年，三花间的洪水称为下大洪水，如 1958 年、1982 年。大型洪水适合采用水库群进行联合调度，因此选择典型大洪水分析水库联合调度的叠加效应。

6.4.1　各水库调度规则

按照国家防汛抗旱总指挥部批复的《黄河洪水调度方案》，设置各水库调库规则。入库流量用 Q_{in} 表示，库水位用 Z 表示，汛限水位用 Z_0 表示，蓄洪限制水位用 Z_m 表示，库水位为 Z 时的泄流能力用 $Q_{m,z}$ 表示，出库流量用 Q_{out} 表示，预报花园口流量用 Q_{hyk-p} 表示，调度后的花园口流量用 Q_{hyk-c} 表示。小浪底水库控泄的调度规则如下。

(1) $Q_{hyk-p} \leqslant$ 4500 m^3/s，控制 $Q_{hyk-c} \leqslant$ 4500 m^3/s。

(2) 4500 $m^3/s < Q_{hyk-p} \leqslant$ 8000 m^3/s，上大洪水，控制 $Q_{hyk-c} \leqslant$ 4500 m^3/s；下大洪水，若预报小花间流量小于 4200 m^3/s，控制 $Q_{hyk-c} \leqslant$ 4500 m^3/s；否则控制 $Q_{out} \leqslant$ 300 m^3/s。

(3) 8000 $m^3/s < Q_{hyk-p} \leqslant$ 10000 m^3/s，上大洪水，控制 $Q_{out} = Q_{in}$；下大洪水，控制 $Q_{hyk-c} \leqslant$ 8000 m^3/s。

(4) 10000 $m^3/s < Q_{hyk-p} \leqslant$ 22000 m^3/s，上大洪水，控制 $Q_{hyk-c} \leqslant$ 10000 m^3/s；下大洪水，若预报小花间流量小于 9000 m^3/s，控制 $Q_{hyk-c} \leqslant$ 10000 m^3/s；否则控制 $Q_{out} \leqslant$ 1000 m^3/s。

(5) $Q_{hyk-p} >$ 22000 m^3/s，上大洪水，控制 $Q_{hyk-c} \leqslant$ 10000 m^3/s；下大洪水，若预报小花间流量小于 9000 m^3/s，控制 $Q_{hyk-c} \leqslant$ 10000 m^3/s；否则控制 $Q_{out} \leqslant$ 1000 m^3/s。

Z_m 表示本次洪水最高水位，t_m 表示库水位达到 Z_m 对应的时刻，三门峡水库调度规则如下。

(1) $t < t_m$、$Q_{in} < Q_{m,z}$，控制 $Q_{out} = Q_{in}$；

(2) $t < t_m$、$Q_{in} \geqslant Q_{m,z}$，控制 $Q_{out} = Q_{m,z}$；

(3) $t \geqslant t_m$、$Q_{hyk-p} \geqslant$ 10000 m^3/s，控制 $Q_{out} = Q_{in}$；

(4) $t \geqslant t_m$、$Z_0 < Z$、$Q_{hyk-p} <$ 10000 m^3/s，控制 Q_{out} 凑泄 $Q_{hyk-c} =$ 10000 m^3/s，不够时

$Q_\text{out}=Q_\text{m,z}$；

（5）$t \geqslant t_\text{m}$、$Z = Z_0$，控制 $Q_\text{out}=Q_\text{in}$。

蓄洪限制水位用 Z_m 表示，t_m 表示库水位刚达到 Z_m 时对应的时刻，陆浑水库 $Z_0=317$ m、$Z_\text{m}=323$ m，故县水库 $Z_0=537.3$ m、$Z_\text{m}=548$ m，两者采用以下相同调度规则。

（1）$t < t_\text{m}$、$Q_\text{in} < Q_\text{m,z0}$，控制 $Q_\text{out}=Q_\text{in}$；

（2）$t < t_\text{m}$、$Q_\text{in} > Q_\text{m,z0}$，控制 $Q_\text{out} = \min(Q_\text{m,z}, 1000 \text{ m}^3/\text{s})$；

（3）$t < t_\text{m}$、$Q_\text{hyk-p} > 12000 \text{ m}^3/\text{s}$，控制 $Q_\text{out} = 0 \text{ m}^3/\text{s}$；

（4）$t \geqslant t_\text{m}$、$Z > Z_\text{m}$、$Q_\text{in} < Q_\text{m,zm}$，控制 $Q_\text{out}=Q_\text{in}$；

（5）$t \geqslant t_\text{m}$、$Z > Z_\text{m}$、$Q_\text{in} > Q_\text{m,zm}$，控制 $Q_\text{out} = Q_\text{m,z}$；

（6）$t \geqslant t_\text{m}$、$Z = Z_\text{m}$、$Q_\text{hyk-p} \geqslant 10000 \text{ m}^3/\text{s}$，控制 $Q_\text{out} = Q_\text{in}$；

（7）$t \geqslant t_\text{m}$、$Z_0 < Z \leqslant Z_\text{m}$、$Q_\text{hyk-p} < 10000 \text{ m}^3/\text{s}$，$Q_\text{out}$ 凑泄 $Q_\text{hyk-c} = 10000 \text{ m}^3/\text{s}$，不够时 $Q_\text{out}=Q_\text{m,z}$；

（8）$t \geqslant t_\text{m}$、$Z = Z_0$，控制 $Q_\text{out}=Q_\text{in}$。

Z_m 表示本次洪水关闸停泄时的库水位，t_m 表示水库开始关闸停泄对应的时刻，预报武陟站流量用 $Q_\text{wz-p}$ 表示，调度后的武陟流量用 $Q_\text{wz-c}$ 表示。河口村水库调度规则如下。

（1）$t < t_\text{m}$、$Q_\text{hyk-p} \leqslant 10000 \text{ m}^3/\text{s}$、$Q_\text{wz-p} \leqslant 4000 \text{ m}^3/\text{s}$，控制 $Q_\text{out}=Q_\text{in}$；

（2）$t < t_\text{m}$、$Q_\text{hyk-p} \leqslant 10000 \text{ m}^3/\text{s}$、$Q_\text{wz-p} > 4000 \text{ m}^3/\text{s}$，控制 $Q_\text{wz-c} \leqslant 4000 \text{ m}^3/\text{s}$；

（3）$Q_\text{hyk-p} \geqslant 10000 \text{ m}^3/\text{s}$，控制 $Q_\text{out} = 0 \text{ m}^3/\text{s}$；

（4）$t \geqslant t_\text{m}$、$Z > Z_\text{m}$、$Q_\text{hyk-p} \leqslant 12000 \text{ m}^3/\text{s}$、$Q_\text{in} > Q_\text{m,zm}$，控制 $Q_\text{out} = Q_\text{m,z}$；

（5）$t \geqslant t_\text{m}$、$Z > Z_\text{m}$、$Q_\text{hyk-p} \leqslant 12000 \text{ m}^3/\text{s}$、$Q_\text{in} \leqslant Q_\text{m,zm}$，控制 $Q_\text{out}=Q_\text{in}$；

（6）$t \geqslant t_\text{m}$、$Z = Z_\text{m}$、$Q_\text{hyk-p} \geqslant 10000 \text{ m}^3/\text{s}$，控制 $Q_\text{out}=Q_\text{in}$；

（7）$t \geqslant t_\text{m}$、$Z_0 < Z \leqslant Z_\text{m}$、$Q_\text{hyk-p} < 10000 \text{ m}^3/\text{s}$，控制 $Q_\text{hyk-c} = 10000 \text{ m}^3/\text{s}$、$Q_\text{wz-c} \leqslant 4000 \text{ m}^3/\text{s}$；

（8）$t \geqslant t_\text{m}$、$Z = Z_0$，控制 $Q_\text{out}=Q_\text{in}$。

6.4.2　串联水库蓄泄时序的叠加效应

为了分析串联水库对上大洪水蓄泄时序的叠加效应，选择潼关站 1843 年、1933 年典型上大洪水过程，计算三门峡水库、小浪底水库不同的蓄泄过程下的水沙冲淤过程和对下游河道的影响，算例设置如表 6-9 所示。三门峡水库调度设置为不考虑（不考虑水库的调蓄能力）、敞泄、控泄，其中控泄参照现有调度规则，设置起调水位 305 m。小浪底水库调度设置为不考虑（不考虑水库的调蓄能力）、控泄，其中控泄参照上节调度规则，分别设置起调水位（同汛限水位）205 m、215 m、225 m、235 m。不考虑水库调蓄功能时，水库出库过程不受泄流能力控制，不计算库区的冲淤。1843 年、1933 年洪水小浪底至花园口区间汇流较小，区间汇流不考虑支流水库的调节作用。

表 6-9　上大洪水算例设置

算例编号	三门峡水库	小浪底水库
0+0	不考虑	不考虑
0+X1–205	不考虑	控泄、205 m
0+X1–215	不考虑	控泄、215 m
0+X1–225	不考虑	控泄、225 m
0+X1–235	不考虑	控泄、235 m
S0+X1–205	敞泄	控泄、205 m
S0+X1–215	敞泄	控泄、215 m
S0+X1–225	敞泄	控泄、225 m
S0+X1–235	敞泄	控泄、235 m
S1+X1–205	控泄、305 m	控泄、205 m
S1+X1–215	控泄、305 m	控泄、215 m
S1+X1–225	控泄、305 m	控泄、225 m
S1+X1–235	控泄、305 m	控泄、235 m

　　1843 年最大 12 天洪量 119 亿 m³，陕县断面洪峰流量 36000m³/s，洪水来源于大北干流区间支流及泾河支流马连河、洛河河源区，暴雨中心在皇甫川、窟野河一带及泾河、洛河上游，含沙浓度高，为千年一遇。1843 年洪水历时短，洪水过程陡涨陡落。由于缺少翔实的实测资料，采用的水沙过程均为推测值。图 6-33 和图 6-34 为模拟得到的三门

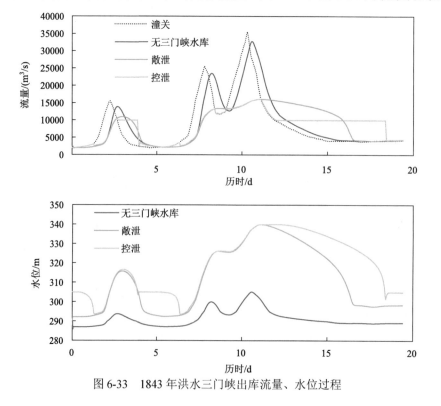

图 6-33　1843 年洪水三门峡出库流量、水位过程

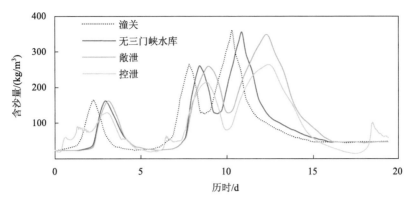

图 6-34　1843 年洪水三门峡出库含沙量过程

峡出库过程,对于 1843 年洪水,不考虑两个水库调节作用时,经过该河段的洪峰从 36000 m³/s 降至 30300 m³/s。和不考虑水库调节的情况对比,三门峡水库对洪峰的削落作用非常明显,洪峰从 36000 m³/s 削减至 16000 m³/s,洪水过程变矮胖。同时,相比于敞泄,水库水位达到最高水位(落水期入库流量等于泄流能力)后,控泄能够保证在水位不继续升高的前提下,更大限度地控制出流不超过 10000 m³/s 的历时。经过三门峡水库调度,敞泄和控泄情况下含沙量过程比无水库情况更加滞后。在控泄情况下含沙量峰值明显下降,峰值从 360 kg/m³ 下降至 265 kg/m³,其他情况下含沙量峰值大小基本不变。

　　三门峡水库三种调度情形下的小浪底水库模拟出库过程如图 6-35~图 6-40。小浪底水库对 1843 年洪水过程水量过程调蓄十分明显。不考虑两个水库调节作用时,经过该河段的洪峰从 32800 m³/s 降至 30300 m³/s。需要注意的是,图 6-37 和图 6-38 中多个算例出现线形重合。不同情况下,小浪底控泄均能保证出库流量不大于 10000 m³/s。

　　如图 6-39 和图 6-40 所示,对于小浪底水库控泄算例,起调水位越高,壅水输沙造成的淤积越明显,同时输沙过程越滞后。对于同一入库含沙量过程,小浪底水库前期水位低,后期水位高,前期含沙量降幅要比后期低,1843 年洪水后两个沙峰经过小浪底调整,大小已经相当。

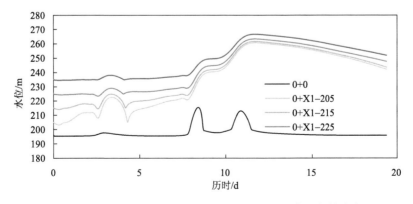

图 6-35　1843 年洪水小浪底出库水位过程(不考虑三门峡水库)

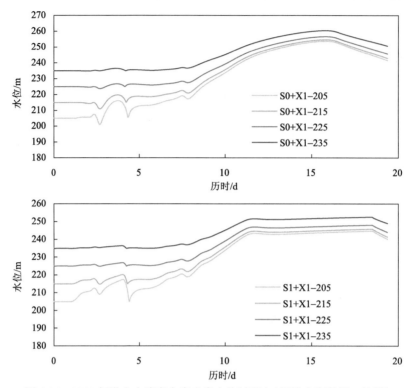

图 6-36　1843 年洪水小浪底水库出库水位过程(三门峡水库敞泄、控泄)

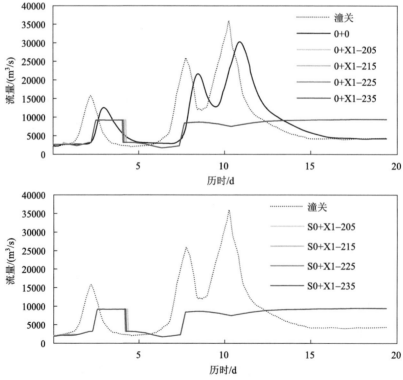

图 6-37　1843 年洪水小浪底出库流量过程(不考虑三门峡水库、三门峡敞泄)

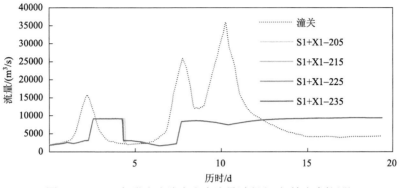

图 6-38　1843 年洪水小浪底出库流量过程(三门峡水库控泄)

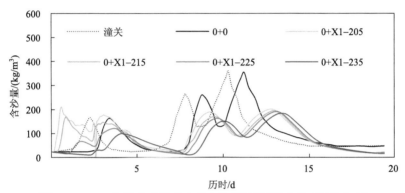

图 6-39　1843 年洪水小浪底出库含沙量过程(不考虑三门峡水库)

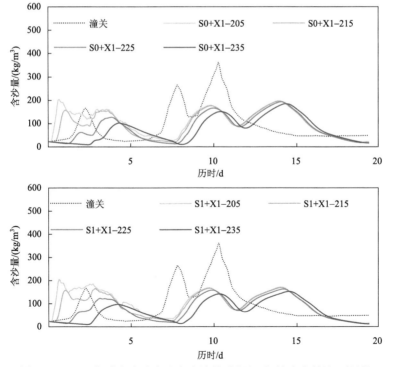

图 6-40　1843 年洪水小浪底出库含沙量过程(三门峡水库敞泄、控泄)

1843 年洪水小浪底出库沙量如表 6-10 所示，三门峡水库在该洪水过程中发生了明显冲刷，小浪底水库则发生了明显的淤积，两个水库的叠加效应为出库沙量减少。随着小浪底水库起调水位的抬高，淤积作用逐渐明显，出库沙量逐渐下降。由图 6-41 和图 6-42 可以看出，下游河道淤积主要集中在小浪底—花园口河段，出库沙量越少，淤积量越少。

表 6-10　1843 年洪水小浪底出库沙量统计

算例编号	细沙/亿 t	中沙/亿 t	粗沙/亿 t	总量/亿 t
0+0	13.403	6.702	0.001	20.106
0+X1–205	9.200	2.246	0.170	11.616
0+X1–215	8.710	2.109	0.131	10.950
0+X1–225	8.141	1.913	0.094	10.148
0+X1–235	7.535	1.606	0.049	9.190
S0+X1–205	10.298	2.714	0.222	13.234
S0+X1–215	9.747	2.557	0.166	12.470
S0+X1–225	8.892	2.209	0.000	11.101
S0+X1–235	8.146	1.790	0.040	9.975
S1+X1–205	10.497	1.880	0.158	12.535
S1+X1–215	9.807	1.740	0.000	11.547
S1+X1–225	8.878	1.452	0.059	10.389
S1+X1–235	7.986	1.106	0.022	9.113

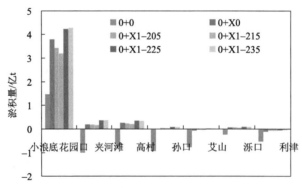

图 6-41　1843 年洪水下游河道分段冲淤量(不考虑三门峡水库)

1933 年陕县站五日洪量为 51.8 亿 m³，洪峰 22000m³/s，最大 12 天沙量为 21.1 亿 t。演进至花园口为 20600 m³/s。洪水主要来源于龙门以上三川河、无定河、清涧河及延水等支流以及泾河、渭河、北洛河、汾河等支流的上游地区。1933 年洪水过程洪水历时为 45 天。图 6-43 和图 6-44 为模拟得到的三门峡出库过程，在洪水流量超过 10000 m³/s 时有明显的削峰作用，洪峰从 22000 m³/s 削减至 13000 m³/s。经过三门峡水库调度，敞泄和控泄情况下含沙量过程比无水库情况滞后。在控泄情况下含沙量峰值明显下降，峰值从 474 kg/m³ 下降至 350 kg/m³，其他情况下含沙量峰值大小基本不变。

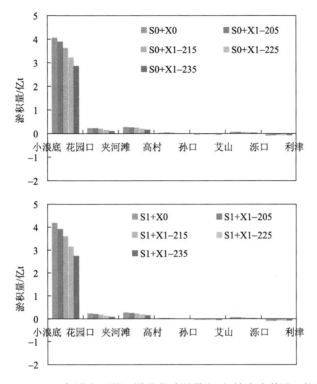

图 6-42　1843 年洪水下游河道分段冲淤量(三门峡水库敞泄、控泄)

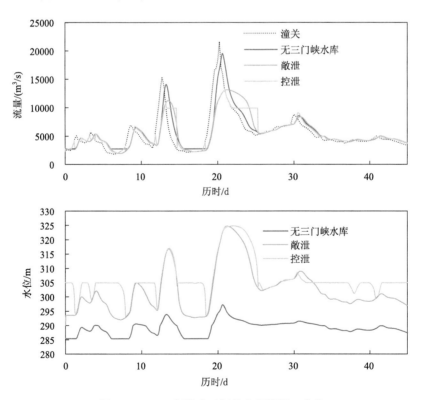

图 6-43　1933 年洪水三门峡出库流量、水位

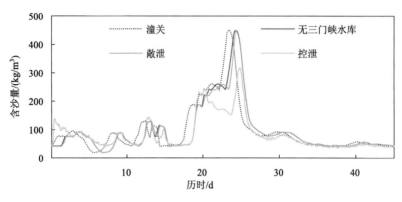

图 6-44　1933 年洪水三门峡出库含沙量过程

　　三门峡水库三种调度情形下的小浪底水库模拟出库过程如图 6-45～图 6-50 所示。采用水动力学数值模拟，考虑了洪水在库区的传递过程，而调度规则基于静态库容，两者的差异造成了在入库流量调度临界点时的库水位会明显波动。不考虑两个水库调节作用时，经过该河段的洪峰从 22000 m³/s 降至 18580 m³/s，仅考虑小浪底水库且敞泄时便能降至 11500 m³/s。控泄情况下起调水位越高，小浪底水库水位变化幅度越小。对于小浪底水库控泄算例，起调水位越高，壅水输沙造成的淤积越明显，同时输沙过程越滞后。对于同一入库含沙量过程，小浪底水库前期水位低，后期水位高，前期含沙量降幅要比后期低，1843 年洪水后两个沙峰经过小浪底调整，大小已经相当。需要注意的是，图 6-47 和图 6-48 中多个算例也出现线形重合。

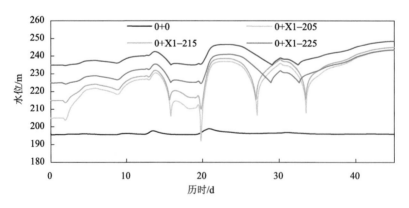

图 6-45　1933 年洪水小浪底出库水位过程(不考虑三门峡水库)

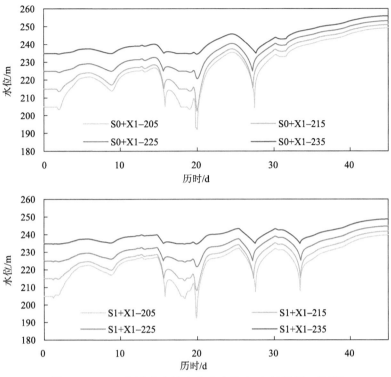

图 6-46　1933 年洪水小浪底水库水位(三门峡敞泄、控泄)

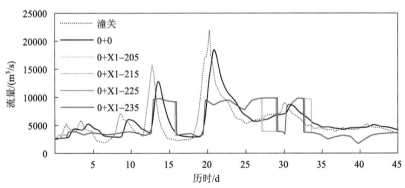

图 6-47　1933 年洪水小浪底出库流量过程(不考虑三门峡水库)

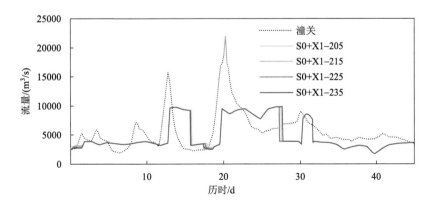

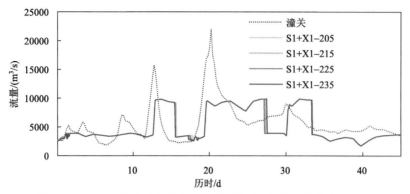

图 6-48　1933 年洪水小浪底出库流量过程（三门峡水库敞泄、控泄）

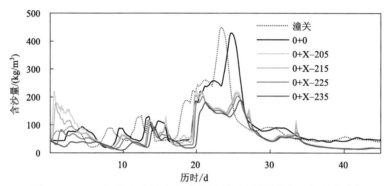

图 6-49　1933 年洪水小浪底出库含沙量过程（不考虑三门峡水库）

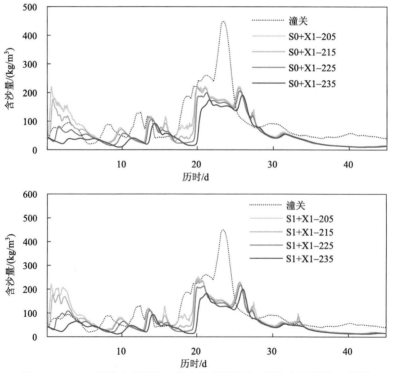

图 6-50　1933 年洪水小浪底出库含沙量过程（三门峡水库敞泄、控泄）

　　1933 年洪水小浪底出库沙量如表 6-11 所示，和 1843 年情况类似，三门峡水库在该洪水过程中发生了明显冲刷，小浪底水库则发生了明显的淤积，两个水库的叠加效应为出库沙量减少。随着小浪底水库起调水位的抬高，淤积作用逐渐明显，出库沙量逐渐下降。由图 6-51 和图 6-52 可以看出，下游河道淤积主要集中在小浪底—花园口河段，出库沙量越少，淤积量越少。

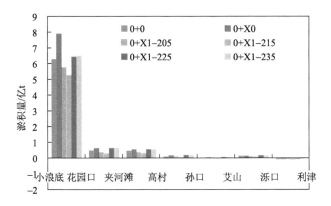

图 6-51　1933 年洪水下游河道分段冲淤量(不考虑三门峡水库)

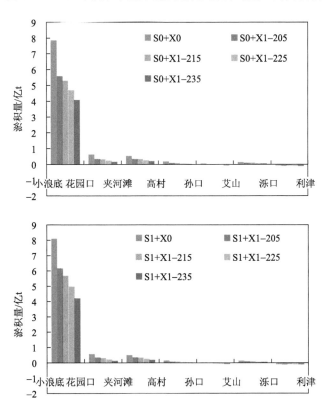

图 6-52　1933 年洪水下游河道分段冲淤量(三门峡水库敞泄、控泄)

表 6-11　1933 年洪水小浪底出库沙量统计

算例编号	细沙/亿 t	中沙/亿 t	粗沙/亿 t	总量/亿 t
0+0	15.962	7.118	0.001	23.081
0+X1–205	14.530	4.068	0.568	19.165
0+X1–215	13.761	3.683	0.392	17.836
0+X1–225	12.731	3.068	0.209	16.008
0+X1–235	11.647	2.320	0.086	14.053
S0+X1–205	16.935	5.082	0.875	22.893
S0+X1–215	15.042	3.917	0.666	19.626
S0+X1–225	13.046	3.431	0.000	16.477
S0+X1–235	11.194	2.276	0.069	13.540
S1+X1–205	15.129	3.379	0.415	18.923
S1+X1–215	14.487	3.087	0.000	17.574
S1+X1–225	13.310	2.592	0.177	16.079
S1+X1–235	11.691	1.819	0.043	13.554

　　由表 6-12 可知，三门峡水库和小浪底水库应对上大洪水的合理蓄泄秩序是三门峡水库采用控泄或敞泄方式迎洪，期间小浪底水库降低水位腾库迎洪，三门峡下泄洪水进入库区后，小浪底控泄运行。

表 6-12　典型上大洪水的调蓄量和削峰率下游河道分段冲淤量

算例编号	1843 年		1933 年	
	削峰率	调蓄/亿 m³	削峰率	调蓄/亿 m³
0+0	0.156	13.0	0.160	11.9
0+X1–205	0.736	54.4	0.550	46.6
0+X1–215	0.736	54.4	0.550	46.8
0+X1–225	0.736	54.4	0.549	44.0
0+X1–235	0.736	54.4	0.549	43.9
S0+X1–205	0.736	55.1	0.551	51.3
S0+X1–215	0.736	55.1	0.551	51.7
S0+X1–225	0.736	55.2	0.551	51.8
S0+X1–235	0.736	55.2	0.550	50.9
S1+X1–205	0.736	54.7	0.550	45.9
S1+X1–215	0.736	54.7	0.550	46.2
S1+X1–225	0.736	54.8	0.550	46.4
S1+X1–235	0.736	54.8	0.550	45.9

　　三门峡水库对洪水过程的调蓄能力很弱，但能够明显削峰，小浪底水库对洪水的调蓄作用很大，在输水过程中三门峡水库对小浪底水库的叠加效应较小。三门峡水库在两

次洪水过程中有很强的冲刷，单纯考虑三门峡水库则会使下游造成明显的淤积，小浪底水库则明显冲刷，小浪底水库对下游的减沙作用十分明显。对于两场上大洪水，小浪底水库与三门峡水库蓄泄的叠加效应表现在以下几点。

(1) 多库与单库相比，洪水水量的调节作用增强。和小浪底水库单独运用相比，结合三门峡水库可以增加调蓄水量 1 亿~5 亿 m³，洪峰削减作用影响较小。

(2) 多库与单库相比，洪水输沙的调节作用增强。和小浪底水库单独运用相比，结合三门峡水库可以增加输沙 0.5 亿~5 亿 t，沙峰削减作用影响较小。

(3) 小浪底水库不同水位迎洪，水流调节作用变化不大，输沙影响较大。水位每抬升 5 m，沙量减少约 0.5 亿~2 亿 t。

6.4.3 并联水库蓄泄时序的叠加效应

选择下大洪水说明串联水库蓄泄时序的叠加效应。以 1958 年、1982 年典型下大洪水过程设置不同的调度算例进行说明，算例如表 6-13 所示。三门峡水库、小浪底水库调度参照调度规则设置为控泄，起调水位(同汛限水位)分别设置为 305 m、235 m。故县水库、陆浑水库、河口村水库调度设置为不考虑(不考虑水库的调蓄能力)、敞泄、控泄，其中控泄、起调水位(同汛限水位)、蓄洪限制水位参照现有调度规则。

表 6-13　下大洪水算例设置

算例编号	三门峡水库	小浪底水库	河口村水库、故县水库、陆浑水库
0+0+0			不考虑
HGL0	控泄、305 m	控泄、235 m	敞泄
HGL3			按调度规则控泄

1958 年洪水主要来自三花区间，槽蓄影响干支流合成 27500m³/s，实际花园口站 22300m³/s。7 天洪量 61.11 亿 m³，三门峡以上 33.17 亿 m³，三花间 27.9 亿 m³，三花间水量主要来自伊洛河 18.52 亿 m³，干流区间 6.74 亿 m³，沁河 2.68 亿 m³。1958 年洪水三门峡水库出库过程如图 6-53 所示，洪峰量级较小，洪水历时较长。按照控泄调度，库区发生淤积。由图 6-54 小浪底出库过程可以看出，敞泄和不考虑小浪底水库，出库水沙过程几乎没有差别，小浪底水库敞泄的调控效应可以忽略。由于支流主要洪水过程发生在第 10~20 天内，该时段内算例 HGL3 的小浪底水库出库水量大，水位相对低了很多，但更早控泄 4000 m³/s，水位抬升更早，花园口流量接近 10000 m³/s 的历时相对偏短 (图 6-55)，后续洪水主要来自干流，算例 HGL3 小浪底水库水位偏高。三组算例的出库沙量(表 6-14)和下游河道冲淤差别不大，这里不再详细叙述。

1982 年洪水三门峡水库出库过程如图 6-56 所示，和 1958 年比，洪峰量级更小，库区同样发生淤积。由图 6-57 小浪底出库过程可以看出，与 1958 年类似，小浪底水库敞泄的调控效应可以忽略。与 1958 年不同的是，算例 HGL3 的花园口洪水过程接近

10000 m³/s，减少很多，相应增加了部分 4000 m³/s 过程（图 6-58）。三组算例的出库沙量均较小，造成下游河道冲刷，如图 6-59。

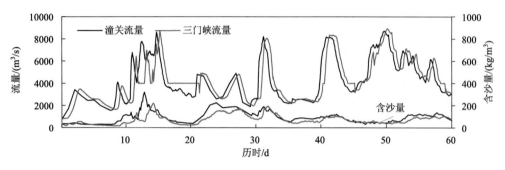

图 6-53　1958 年洪水三门峡水库出库过程

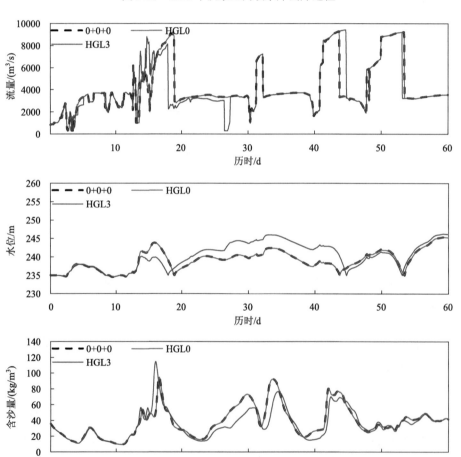

图 6-54　1958 年洪水小浪底出库过程

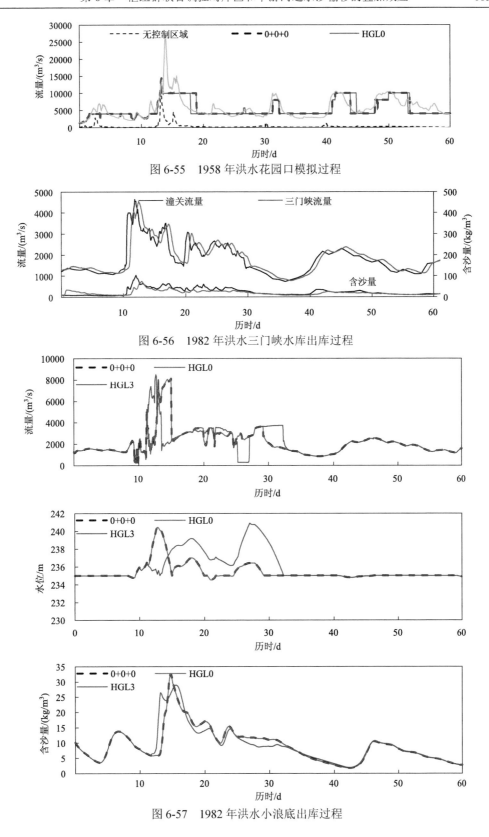

图 6-55　1958 年洪水花园口模拟过程

图 6-56　1982 年洪水三门峡水库出库过程

图 6-57　1982 年洪水小浪底出库过程

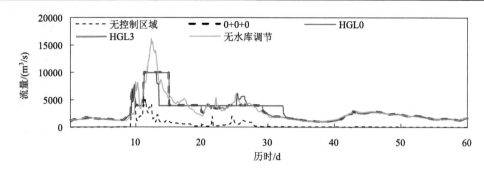

图 6-58 1982 年洪水花园口模拟过程

表 6-14 1982 年洪水小浪底水库模拟出库沙量统计

算例编号	出库沙量/亿 t
0+0+0	1.242
HGL0	1.242
HGL3	1.135

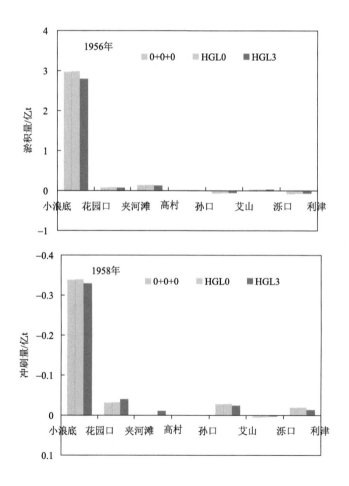

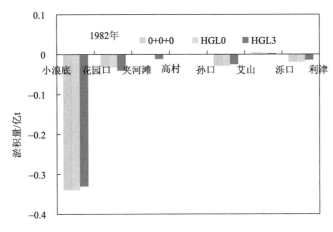

图 6-59　1958 年和 1982 年洪水下游河道分段冲淤量

并联水库应对下大洪水的合理蓄泄秩序是三大支流水库在确保防洪安全的情况下控泄洪水；小浪底水库因其调蓄空间大，根据支流水库的控泄结果，凑泄花园口流量过程。

支流水库对洪水过程有一定的调蓄能力，能够明显削峰。小浪底水库调蓄库容大，但对洪水的调蓄作用有限，为了保证下游防洪安全，单靠小浪底水库，则需要小浪底水库存蓄较多的水量。而两者配合才能完成削峰，则需要动用的库容较小。对于两场上下大洪水，小浪底水库与支流水库蓄泄的叠加效应表现在以下几点。

(1)黄河下游干支流水库联合调控能明显减轻小浪底水库和下游河道的防洪压力。不考虑支流水库运用比考虑支流水库运用，花园口洪峰对应的小浪底水库水位能够降低约 6 m。对于 1982 年洪水，增加支流水库运用可以使得 10000 m^3/s 流量级历时从 3.75 天缩减至 1.87 天。

(2)黄河下游干支流水库联合调控减少了小浪底水库出库沙量，增加了下游河道的冲刷。对于 1982 年洪水输沙，联合运用下小浪底水库出库沙量减少 0.11 亿 t，下游花园口—夹河滩、夹河滩—高村增大冲刷 0.01 亿 t。

6.5　水库群时空对接时机及调控效应

水沙过程整体优化目标，即充分发挥水动力作用，通过联合调控黄河干流万家寨、三门峡、小浪底水库及支流故县、陆浑、河口村水库，辅以强人工措施的水库泥沙处理与资源利用，实现水库及枢纽群的高效输沙和下游河道行洪输沙功能的充分发挥。

要实现上述目标，关键是把握枢纽群泥沙动态调控自上而下的三个关键时空对接过程。一是以提升三门峡水库降水冲刷效果为主要目标，根据万家寨、三门峡水库运行的边界条件，确定万家寨水库下泄水沙过程与时机；二是以小浪底水库异重流高效排沙为主要目标，根据三门峡、小浪底水库运行的边界条件，确定三门峡水库下泄水沙过程与时机；三是以下游河道防洪安全和行洪输沙功能充分发挥为主要目标，根据小浪底、故县、陆浑、河口村水库运行的边界条件，确定并联水库群下泄水沙过程与时机。

6.5.1　万家寨水库与三门峡水库对接

　　万家寨水库与三门峡水库对接时机选择，目的是使三门峡库区的溯源冲刷最大化。万家寨水库出库洪水运动到潼关时，三门峡水库已经开始降低水位，使得洪水波传播过程受到三门峡水库水位壅水的影响最小。潼关来水流量较大且含沙量较高时，三门峡水库敞泄运用，同时，保证每年的前汛期和后汛期的敞泄频次，能够使得有效库容长续利用。万家寨距离三门峡大坝 657 km，其中万家寨到潼关可视为河道，潼关以下为三门峡库区。采用恒定流过程计算，并采用 2019 年汛后实测大断面地形，不考虑洪水过程中附加比降影响，计算得到万家寨—三门峡水库坝前 500~6000 m³/s 流量级水流传播时间(图 6-60)。

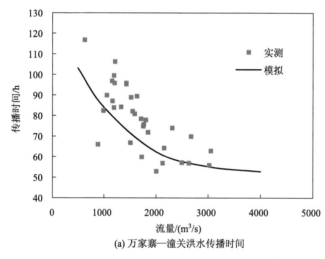

(a) 万家寨—潼关洪水传播时间

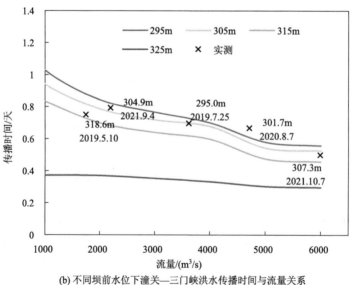

(b) 不同坝前水位下潼关—三门峡洪水传播时间与流量关系

图 6-60　潼关—三门峡洪水传播时间

从图 6-60 中可以看出，水位和流量均会对洪水的演进时间产生影响。入库流量不变，三门峡水库坝前水位高于 300 m 时，坝前水位越高，洪水的演进时间越短；水位在 315～325 m 时，洪水演进时间对水位变化最为敏感，单位水位变幅引起的演进时间变化量最大；坝前水位低于 300 m 时，洪水演进时间基本不受水位变化影响。三门峡水库坝前水位低于 315 m 时，坝前水位不变，入库流量越大，洪水演进时间越短；坝前水位高于 315 m 时，洪水演进时间基本不受入库流量变化影响，且流量越大，水位对演进时间的影响越小，例如流量为 1000 m³/s 时，水位为 315 m 与 325 m 时的时间分别为 20.0 h 和 9.0 h，减少 11.0h，而当流量增加到 6000 m³/s 时，时间分别为 11.0 h 和 7.1 h，减少 3.9h，变化幅度有所减小。

6.5.2　三门峡与小浪底水库对接时机

三门峡水库距小浪底水库 123 km，其中水位为 235 m 对应的基本不受回水影响的自由河段约为 60 km，壅水段约为 63 km，库区内浑水明流的演进时间与潼关至三门峡水库的演进过程类似。同样具有流量与水位双重控制因素，相同流量下，水位越高，演进时间越快；相同水位下，流量越大，演进时间越快。具体计算的不同坝前水位下库区洪水传播时间与流量关系的结果见图 6-61，且流量越大，水位对演进时间的影响越小，例如流量为 1000 m³/s 时，水位为 230 m 与 240 m 时的时间分别为 12.1 h 和 6.7 h，减少 5.4h，而当流量增加到 7000 m³/s 时，时间分别为 6.3h 和 4.3h，减少 2.0h，变化幅度有所减小。

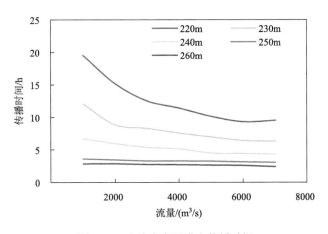

图 6-61　小浪底库区洪水传播时间

三门峡水库与小浪底水库对接时机的选择中，对于含沙量较高的洪水，目的是塑造浑水异重流且尽可能维持长距离的输运，根据前文异重流章节的研究成果，此时异重流在三角洲顶点潜入最佳，对应小浪底水库应控制水位满足其潜入条件。对于含沙量较低的中小洪水，应当以满足库区淤积滩面溯源冲刷充分发展为目的，对应小浪底水库水位应低于淤积滩面。

6.5.3　水库群调控效应

以万家寨水库—三门峡水库、三门峡水库—小浪底水库为例，说明泥沙动态调控对库群间水沙量-质-能交换过程的影响。万家寨水库通过调节控制下泄过程，实现对潼关站的流量控制。7月1日前万家寨水库的控制水位必须由正常水位下降至汛限水位，这部分下泄的水量为万家寨水库的超蓄水量。通过万家寨水库出库调度，可以利用这部分超蓄水量对潼关站的水沙过程进行调控。

以2002～2004年、2018～2020年实际过程为参照计算超蓄水量对三门峡水库—小浪底水库调控的影响，2002～2004年为枯水年份(图6-62)，2018～2020年为丰水年份(图6-63)。设置算例计算潼关站6月16～30日达到不同保证流量下的三门峡水库和小浪底水库冲淤变化情况。输沙率保持不变，按照潼关站6月16日至30日连续15天保证流量设置为800 m^3/s、1000 m^3/s、1200 m^3/s三个流量级，同时，考虑未来古贤水库超蓄水量利用的情况，按照潼关站6月1日至30日连续30天保证流量设置为1200 m^3/s、1500 m^3/s、2000 m^3/s三个流量级，以2002～2004年、2018～2020年实际过程为参照进行计算，潼关流量过程线如图6-64所示，所利用的超蓄水量如表6-15所示。

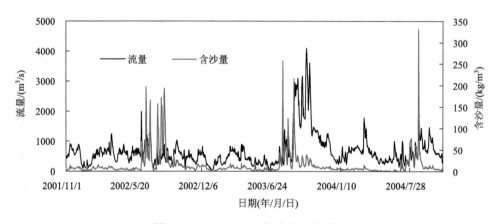

图6-62　2002～2004年潼关水沙过程

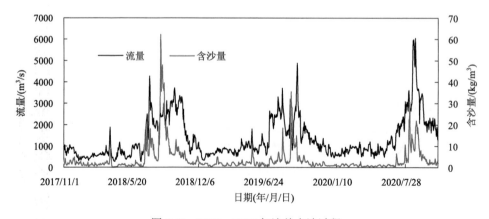

图6-63　2018～2020年潼关水沙过程

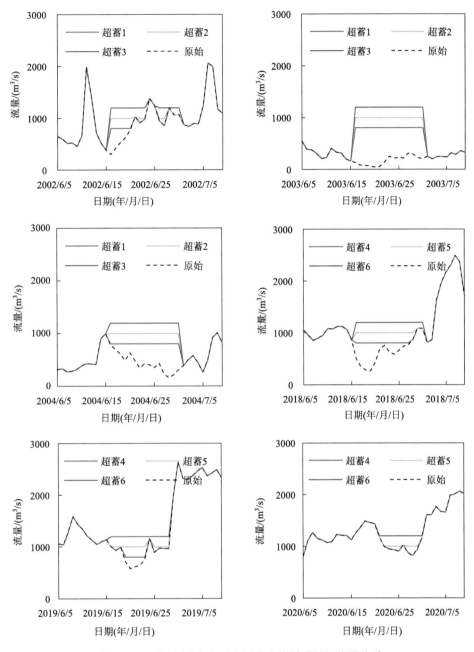

图 6-64　不同坝前水位下库区洪水传播时间与流量关系

通过模拟计算得出,对于 2002~2004 年水沙系列,现有条件下三门峡水库淤积 2.084 亿 m³,小浪底水库淤积 6.865 亿 m³。利用万家寨水库的超蓄水量,6 月 16 日至 30 日三门峡入库流量分别控制达到 800 m³/s、1000 m³/s、1200 m³/s 时,三门峡水库三年累积淤积量均能够减少约 0.02 亿 m³,小浪底水库相应淤积量分别能够减少 0.10 亿 m³、0.14 亿 m³、0.03 亿 m³。对于 2018~2020 年水沙系列,现有条件下三门峡水库冲刷 0.1270 亿

m³，小浪底水库淤积 1.0490 亿 m³。利用万家寨水库的超蓄水量，6 月 16 日至 30 日三门峡入库流量分别控制达到 800 m³/s、1000 m³/s、1200 m³/s 时，三门峡水库三年累积淤积量几乎不变，小浪底水库相应淤积量分别能够减少 0.06 亿 m³、0.11 亿 m³、0.12 亿 m³。在少水年份，超蓄水量的利用有利于减少水库的淤积。上游水库能够利用的超蓄水量越多，对下游水库库区冲刷越有利。

表 6-15　超蓄水量算例设置

算例	保证流量/(m³/s)	利用的超蓄水量/亿 m³			说明
		第一年	第二年	第三年	
超蓄 1	800	1.18	8.18	4.76	2002～2004 年系列
超蓄 2	1000	2.31	10.77	7.21	2002～2004 年系列
超蓄 3	1200	4.25	13.36	9.80	2002～2004 年系列
超蓄 4	800	2.55	0.62	0.00	2018～2020 年系列
超蓄 5	1000	4.74	1.73	0.00	2018～2020 年系列
超蓄 6	1200	7.19	3.84	0.00	2018～2020 年系列

表 6-16　水库对超蓄水量利用的响应

算例	淤积量/亿 m³		说明
	小浪底水库	三门峡水库	
超蓄 1	6.760	2.065	三门峡水库淤积 2.084 亿 m³
超蓄 2	6.722	2.067	小浪底水库淤积 6.865 亿 m³
超蓄 3	6.831	2.061	
超蓄 4	0.912	−0.130	三门峡水库淤积−0.127 亿 m³
超蓄 5	0.862	−0.138	小浪底水库淤积 1.049 亿 m³
超蓄 6	0.832	−0.144	

6.6　小　　结

通过构建水库水沙输移数值模型，实现对小浪底水库、三门峡水库多年实际调度过程的冲淤验证。

对泥沙动态调控对小浪底库区水-沙-床影响的主要认识：①库区水位下降会导致库区出现多处急缓流交替水流流态，形成跌坎溯源冲刷，库区边界条件不变的情况下，水流动力越强，坝前水位越低，跌坎数量越多；②库区水位下降增强库区水动力条件的同时，输沙能力会得到提升，输沙状态会由超饱和输沙向不饱和输沙转变，含沙量较高时，输沙形式在一定条件下会从明流输沙向异重流输沙转变；③不同流量级、坝前水位、含沙量下的小浪底库区冲淤变化有明显的差异，表层床沙粒径由于在冲淤过程中与悬沙发生交换，库区河床比降和表层床沙粒径的调整趋于对应的平衡状态，流量越大，顶坡段上冲下淤越明显，冲淤调整后的纵比降越小，库区表层床沙中值粒径 D_{50} 随着流量增加逐渐粗化。淤积的主要部位随着坝前水位抬升而不断向上游移动。

对枢纽群泥沙动态调控对水沙量-质-能交换的主要认识：①对三门峡水库单库调节而言，水量和沙量调控作用明显在月尺度以下十分明显，不同频次的敞泄时机在枯水年份表现出较大的库区冲淤差异，一年一次敞泄变为一年两次，有利于有效库容的长期维持；②对三门峡水库—小浪底水库调节而言，两库的洪峰削减作用大于单库，两库的排沙作用明显强于单库。

对于 1843 年、1933 年两场上大洪水，小浪底水库与三门峡水库联合运用与单库相比，洪水水量和沙量的调节作用增强，小浪底水库不同水位迎洪，水流调节作用变化不大，输沙影响较大。对于 1958 年、1982 年两场上下大洪水，黄河下游干支流水库联合调控能明显减轻小浪底水库和下游河道的防洪压力，考虑支流水库运用能缓解干流水库压力，缩短 10000 m^3/s 流量级历时。

万家寨水库与三门峡水库、小浪底水库与三门峡水库对接时机的选择，明显受到库区洪水传播规律的约束，洪水传播时间与坝前水位和入库流量呈反相关关系。

第 7 章　结　　论

(1)确定了跌坎演化的数学表示。得到床沙临界启动水流弗劳德数 Fr_c 和均匀流等效弗劳德数 Fr_n 构成的跌坎形成理论条件。根据模拟结果阐明了溯源冲刷的发展趋势和极限状态，在满足跌坎形成条件的前提下，给定跌坎初始高度，通过数值模拟发现跌坎发展会出现逐渐加强和逐渐衰减两种趋势。逐渐加强的跌坎塑造的地形比原有的要缓，而逐渐衰减的跌坎塑造的地形比原有的要陡。通过控制单一变量法模拟分析跌坎高度、跌坎上游(顶坡段)坡度、床沙平均粒径、单宽流量等指标的影响，发现各个指标都存在极限阈值，超出阈值时，跌坎会逐渐加强，低于阈值时，跌坎会逐渐衰减。发现水库运用水位越低，对应跌坎高度越高，溯源冲刷速率和冲刷效果越好。跌坎溯源冲刷顶坡段坡度越陡，溯源冲刷的距离越远。粗泥沙开采利用的强人工措施切断了粗泥沙对床沙级配调整过程的影响，促进了跌坎的长期保存。通过联合调度使得来水流量大小增加，有利于跌坎冲刷。

(2)在小浪底库区进行了异重流的原型测量，得出小浪底库区内存在水下河道，水下河道起点位置与异重流潜入点的位置重合，说明异重流潜入与水下河道形态高度相关；异重流潜入后迅速汇集进入水下河道运行，这说明水下河道不仅是异重流的主要运行路径甚至有可能是汛期输沙过程的唯一运行路径，所以研究水下河道形态对于理解汛期水库内输沙至关重要；发现异重流之后水下河道发生大规模冲刷(近 10 m 冲刷)，而本次小浪底原型观测证据尚属世界首测。异重流期间，直接流速测量观测到了全场和局部自加速异重流；全场异重流即从潜入点到下游坝体全程有自加速现象。

(3)低密度水库细颗粒淤积物为典型宾厄姆流体，其屈服应力和黏滞系数随淤泥密度的不同而发生变化。采用临界坡度作为细颗粒淤积物失稳流动的判别标准；通过引入水、淤积物、床面之间的界面受力分析，建立了细颗粒淤积物失稳流动模式，描述其失稳后的运动及其泥沙重新分配过程；通过与三维水沙模型相耦合，建立了考虑细颗粒淤积物流动特性的水库淤积形态数值模拟方法。三角洲淤积形态更有利于异重流的形成和泥沙出库，其排沙比要大于锥体淤积形态的排沙比，亦即三角洲淤积形态更有利于水库排沙，是相对较优的淤积形态。考虑泥沙动态调控(人工清淤措施)时，因清淤量占水库淤积总量的比例很小，因此淤积形态总体变化情况与不考虑人工清淤时基本类似，仅在清淤疏浚附近局部河段有一定变化，具体表现为，从高程来看，以清淤段为中心，河床向坝前和库尾方向高程略有降低，但影响范围较小，基本在清淤长度的三倍左右；从局部河床比降变化看，在影响范围内，清淤上段比降略有变陡，下游则坡降变缓。

(4)根据黄河流域泥沙淤积现状分析了水库泥沙淤积带来的问题，确定了泥沙资源利用现实需求。通过总结相关水库泥沙处理技术和水库泥沙转型利用技术，确定了水库泥沙资源利用的现实途径。根据小浪底水库淤积泥沙沿程分布特点，确定了库区粗沙动态落淤规律。以建库前河道前地形为初始边界，部分淤积在库区内的泥沙作为可利用泥沙用以确定库区泥沙资源可利用范围，分析了不同水库不同粒径组泥沙的资源量。以小浪底水库为例，计算水库泥沙资源利用对水库泥沙动态调控的影响，枯水年不同清淤方案的累积淤积量随时间变化一致，库区均没有排沙，丰水年不同清淤方案的累积淤积量随时间变化差异明显，清淤强度越大，越有利于库区排沙。以黄河下游河道为例，探讨小浪底水库库尾粗沙资源利用后多排细沙对下游河道水沙输移的影响，得出水库粗沙资源利用将增加下游河道水流的输沙能力，减少河道泥沙淤积。以三门峡、小浪底水库为例，分析不同调度情境下水库粗中细泥沙冲淤量，全沙排沙比较小时，随着全沙排沙比增大，细沙排沙比增大相对较快，中泥沙次之，粗沙排沙比增大速度相对较慢。通过泥沙资源利用强人工措施，不仅可以有效恢复淤损库容、优化库区淤积形态、减少粗沙出库比例、提供地方经济建设所需泥沙资源，而且可以为泥沙动态调控提供调度空间。

(5)建立水库水沙输运数学模型，采用 HLL 格式数值求解水库浑水明流和异重流水沙运动过程。采用张红武的公式计算水流挟沙力，采用韩其为提出的方法模拟异重流的运动过程，考虑到断面形状和阻力不均匀的情况，采用一种准二维的处理方式，并且考虑在库区支流的侧向水量交换。分别采用小浪底水库、三门峡水库实际调度运用过程进行模型验证，模拟得到的各断面深泓点高程的计算值与实测值基本吻合，泥沙淤积量模拟与实测符合较好，进而得到了泥沙动态调控对库区水、沙、床变化的影响规律；揭示枢纽群泥沙动态调控对单一水库、水库群、水库与下游河道水沙量-质-能交换的影响机理；量化串、并联水库蓄泄时序对库区和下游河道水沙输移的叠加效应；提出水库群水沙过程的时机及调控效应。

参 考 文 献

陈书奎, 张俊华, 马怀宝, 等. 2010. 小浪底水库淤积形态对库区输沙的影响. 人民黄河, 32(10): 36-37.

范家骅. 2011. 异重流与泥沙工程实验与设计. 北京: 中国水利水电出版社.

韩其为. 2003. 水库淤积. 北京: 科学出版社: 272-315.

假冬冬, 邵学军, 张幸农, 等. 2011. 三峡水库蓄水初期近坝区淤积形态成因初步分析. 水科学进展, (4): 539-545.

江恩慧, 曹永涛, 李军华. 2012. 水库泥沙资源利用与河流健康. 成都: 中国大坝协会 2012 学术年会论文集.

江恩慧, 王远见, 李军华, 等. 2019. 黄河水库群泥沙动态调控关键技术研究与展望. 人民黄河, 41(05): 28-33.

李国英. 2011. 黄河干流水库联合调度塑造异重流. 人民黄河, 33(04): 1-2,8,150.

李国英. 2012. 黄河调水调沙关键技术. 前沿科学, 6(1): 17-21.

李涛, 张俊华, 夏军强, 等. 2016. 小浪底水库溯源冲刷效率评估试验. 水科学进展, 27(5): 716-725.

马怀宝, 李昆鹏, 李书霞, 等. 2011. 小浪底水库拦沙后期库区冲刷机理与规律研究. 郑州: 黄河水利委员会黄河水利科学研究院.

王婷, 马迎平, 张俊华, 等. 2014. 小浪底水库降水冲刷效果影响因素试验研究. 人民黄河, 36(8): 4-6.

王婷, 张俊华, 马怀宝, 等. 2013. 小浪底水库淤积形态探讨. 水利学报, 44(6): 710-717.

吴保生, 夏军强, 张原锋. 2007. 黄河下游平滩流量对来水来沙变化的响应. 水利学报, (7): 886-892.

吴保生, 游涛. 2008. 水库泥沙淤积滞后响应的理论模型. 水利学报, (5): 627-632.

许炯心. 2009. 黄河下游高效输沙洪水研究. 泥沙研究, (06): 54-59.

杨小宸. 2014. 淤泥质海岸浮泥形成与运动的数学模型研究. 天津: 天津大学博士论文.

张俊华, 陈书奎, 李书霞, 等. 2007. 小浪底水库拦沙初期水库泥沙研究. 郑州: 黄河水利出版社.

张俊华, 李涛, 马怀宝. 2016. 小浪底水库调水调沙研究新进展. 泥沙研究, (2): 68-75.

张俊华, 马怀宝, 窦身堂, 等. 2016. 小浪底水库淤积形态优选与调控. 人民黄河, 38(10): 32-35.

张俊华, 马怀宝, 夏军强, 等. 2018. 小浪底水库异重流高效输沙理论与调控. 水利学报, 49(1): 62-71.

Adduce C, Sciortino G, Proietti S. 2012. Gravity currents produced by lock exchanges: experiments and simulations with a two-layer shallow-water model with entrainment. Journal of Hydraulic Engineering, 138(2): 111-121.

Azpiroz-Zabala M, Cartigny M J, Talling P J, et al. 2017. Newly recognized turbidity current structure can explain prolonged flushing of submarine canyons. Science Advances, 3(10): e1700200.

Bagnold R A. 1962. Auto-suspension of transported sediment; turbidity currents. Proceedings of the Royal Society of London. Series A. Mathematical and Physical Sciences, 265(1322): 315-319.

Cada G F, Hunsaker C T. 1990. Cumulative impacts of hydropower development reaching a watershed in impact assessment. Environmental Professional, 12(1): 2-8.

Cantero M I, Balachandar S, Cantelli A, et al. 2009. Turbidity current with a roof: Direct numerical simulation of self-stratified turbulent channel flow driven by suspended sediment. Journal of Geophysical Research-Oceans, 114: C03008.

Cao ZX, Li J, Pender G, et al. 2015. Whole-Process modeling of reservoir turbidity currents by a double layer-averaged model. Journal of Hydraulic Engineering, 141(2): 04014069.

Chamoun S, De Cesare G, Schleiss A J. 2016. Managing reservoir sedimentation by venting turbidity currents: a review. International Journal of Sediment Research, 31(3): 195-204.

De Cesare G, Boillat J, Schleiss A J. 2006. Circulation in stratified lakes due to flood-induced turbidity currents. Journal of Environmental Engineering, 132(11): 1508-1517.

Garcia M. 1993. Hydraulic jumps in sediment-driven bottom currents. Journal of Hydraulic Research, 119(10): 1094-1117.

Garcia M, Parker G. 1993. Experiments on the entrainment of sediment into suspension by a dense bottom current. Journal of Geophysical Research: Oceans, 98(C3): 4793-4807.

Hu P, Cao Z X, Pender G, et al. 2012, Numerical modelling of turbidity currents in the Xiaolangdi reservoir, Yellow River, China. Journal of Hydrology, 464: 41-53.

Huang H, Imran J, Pirmez C. 2005. Numerical model of turbidity currents with a deforming bottom boundary. Journal of Hydraulic Engineering, 131(4): 283-293.

Iwasaki T, Parker G. 2020. The role of saltwater and waves in continental shelf formation with seaward migrating clinoform. Proceedings of the National Academy of Sciences, 117(3): 201909572.

Kostaschuk R, Nasr-Azadani M M, Meiburg E, et al. 2018. On the causes of pulsing in continuous turbidity currents[J]. Journal of Geophysical Research: Earth Surface, 123: 2827-2843.

Ma H, Nittrouer J A, Wu B, et al. 2020. Universal relation with regime transition for sediment transport in fine-grained rivers. PNAS, 117(1): 171-176.

Parker G. 1982. Conditions for the ignition of catastrophically erosive turbidity currents. Marine Geology, 46(3-4): 307-327.

Parker G, Izumi N. 2000. Purely erosional cyclic and solitary steps created by flow over a cohesive bed. Journal of Fluid Mechanics, 419: 203-238.

Parker G, Fukushima Y, Pantin HM. 1986. Self-accelerating turbidity currents. Journal of Fluid Mechanics, 171: 145-181.

Sequeiros O E, Naruse H, Endo N, et al. 2009. Experimental study on self-accelerating turbidity currents. Journal of Geophysical Research-Oceans, 114: C05025.

van Kessel T, Kranenburg C. 1996. Gravity current of fluid mud on sloping bed. Journal of Hydraulic Engineering, 122(12): 710-717.

van Rijn L C. 1986. Mathematical modeling of suspended sediment in nonuniform flows. Journal of Hydraulic Engineering, 112(6): 443-455.

Ying X, Wang S S Y. 2008. Improved implementation of the HLL approximate Riemann solver for one-dimensional open channel flows. Journal of Hydraulic Research, 46(1): 21-34.